SCHÖNE KANINCHEN

PORTRÄTS

AUSGEZEICHNETER RASSEN

von GEOFF RUSSELL

fotografiert von

JEREMY HOPLEY

Fotos: Jeremy Hopley, Anna Stevens (Assistentin)
Illustrationen: David Anstey, Peter David Scott (Seltene Rassen)
Übersetzung: Dorothea Raspe, Münster

ISBN 978-3-7843-5153-7

SCHÖNE KANINCHEN

PORTRÄTS

AUSGEZEICHNETER

RASSEN

INHALT

EINFÜHRUNG

IN GROSSBRITANNIEN MUSS NIEMAND WEIT FAHREN, bis er an Orte mit Namen kommt, die von einer langen Verbundenheit mit Kaninchen und Hasen zeugen. Aber die Tage, an denen lebendige Kaninchen in Gartengehegen zum Verzehr gehalten wurden, sind endgültig vorbei. Heute werden keine Kaninchen mehr gehalten, um die Familie mit Fleisch oder den Pelzhandel mit ausgezeichneten Fellen zu versorgen. Heutzutage werden Kaninchen zur Zierde gehalten und die Ausstellungsszene floriert.

Dieses Buch möchte Ihnen die Vielfalt der attraktiven Ausstellungskaninchen zeigen – ausgewählt aus den Hunderten von Rassen, die es derzeit weltweit gibt. Präsentiert, wie Sie sie wohl noch nie zuvor gesehen haben: Jedes Kaninchen ist herausgeputzt, um ins Rampenlicht zu hoppeln und vor den Kameras der Fotografen zu posieren.

Jedes Porträt in diesem Buch wird von kurzen Informationen zur Geschichte der Rasse und ihren Merkmalen begleitet. Hier erfahren Sie, wie die Kaninchen, die zwischen den Weltkriegen aufgrund ihres Fleisches oder Fells gezüchtet wurden, sich in

Das Geschick des Züchters – und des Fotografen – wird im Moment des Fotos festgehalten.

Tiere verwandelt haben, die nun aufgrund ihrer exzellenten Ausstellungsqualitäten prämiert werden. Und wie Rassen, die nur als genetisches Experiment gezüchtet wurden, sich in die herrlichen Showkaninchen verwandelt haben, wie wir sie heute kennen.

Entdecken Sie das neu gezüchtete LÖWENKOPF-KANINCHEN mit seiner Mähne, den alten ENGLISCHEN WIDDER – auch „King of the Fancy" genannt – und natürlich den niedlichen ZWERGWIDDER, den jeder kennt und liebt. Bewundern Sie das exotische ENGLISCHE ANGORAKANINCHEN, das wegen seiner herrlichen feinen Wolle gezüchtet wird, oder das umwerfende JAPANERKANINCHEN mit seinem ungewöhnlichen schwarz-gelben Fell. Vergleichen Sie das leichtgewichtige HERMELIN-KANINCHEN, das nur gut 1 kg wiegt, mit den BRITISCHEN RIESEN, die bis zu 9 kg auf die Waage bringen.

Wählen Sie Ihren Favoriten im Kampf der Pelze: die glänzenden WIENER oder die superplüschigen REXE – beide mit einem Fell, das man einfach nur streicheln möchte.

Wir laden Sie ein, sich zurückzulehnen und diese großartigen Kaninchen anzuschauen. Viel Spaß dabei!

EINE KURZE AUSSTELLUNGSGESCHICHTE

WILD LEBENDE KANINCHEN NUTZEN IHRE OHREN, um ihre natürlichen Feinde zu entdecken. Im schützenden Gehege hatten domestizierte Kaninchen keinen Grund, sich vor Feinden zu fürchten. So wurden die Ohrmuskeln nur noch selten genutzt, was bewirkte, dass die Ohren schwer wurden und „herunterfielen". In Großbritannien dauerte es nicht lange und Kaninchen wurden selektiv auf Hängeohren gezüchtet. Schon bald versuchten Züchter, das Kaninchen mit den längsten Ohren zu züchten.

Im frühen 19. Jahrhundert waren die Bewohner des East End in London bettelarm, daher hielten sie Kaninchen in ihren Hinterhöfen, um die Familie mit Nahrung zu versorgen. Schnell entwickelten sich Rivalitäten, wer die besten Tiere hatte. So entstanden die ersten Kaninchen-Shows. Reiche Londoner aus dem West End entdeckten im Wettbewerbscharakter solcher Shows eine Möglichkeit zum Glücksspiel. Als Folge begannen die Bewohner des East End, Show-Kaninchen zu züchten in der Hoffnung, sie könnten eins ihrer preisgekrönten Tiere für ein hübsches Sümmchen an einen der

feinen Pinkel im Westen der Stadt verkaufen. Diese würden dann die Siegerkaninchen in ihren Clubs zeigen, um damit einen Silberpokal zu gewinnen, der von ihnen und ihren Clubkollegen gespendet worden war.

Diese frühen Shows gipfelten in einer Championship Rabbit Show, die 1851 während der Weltausstellung im Londoner Crystal Palace stattfand. Das Siegerkaninchen wurde an einen Monsieur Girard verkauft, der es mit nach Paris nahm.

Die beiden Weltkriege im 20. Jahrhundert und die Jahre der Depression dazwischen dienten als Katalysator für die Entwicklung der Fellrassen, da ein Fellkaninchen erst gutes Fleisch lieferte und sein Fell anschließend für gutes Geld verkauft werden konnte.

1954 führte der Ausbruch der Myxomatose in Großbritannien dazu, dass die Nutzung von Kaninchenfleisch als Nahrungsmittel zurückging. Demzufolge sank die Zahl der Züchter und der Kaninchen.

Heutzutage ist die Kaninchenzucht in Europa, Kanada, Australasien, den USA und neuerdings im Nahen Osten populär, aber bei Weitem nicht mehr so wie vor 1954.

Ausgehend vom Londoner East End im frühen 19. Jahrhundert hat sich die Kaninchenzucht weltweit zu einem populären Hobby entwickelt.

RASSEN UND IHR NUTZEN

Züchter bemühen sich, Kaninchen mit Qualitäten zu züchten, die den strengen Vorgaben der Zuchtverbände entsprechen.

DIE MEISTEN NATURWISSENSCHAFTLER SIND SICH einig, dass alle Kaninchen – egal ob wild oder domestiziert – gemeinsame Vorfahren haben. Aber welche Faktoren führten dazu, dass sich das kleine braune Wildkaninchen zu einer solchen Vielfalt von Rassen entwickelte? Einer Vielfalt, die von den winzigen Hermelinkaninchen bis zu den gewaltigen Britischen Riesen reicht, von Angorakaninchen mit fantastischer Wolle bis zu Englischen Widdern mit Ohren, die eine Länge von 75 cm erreichen können?

Einige Kaninchen, wie ENGLISCHE WIDDER oder RIESENKANINCHEN, sind durch selektive Züchtung entstanden. Genforschungen haben es Züchtern ermöglicht, Merkmale wie Größe, Aussehen oder Farbe zu bestimmen.

Bei der Tierzucht entstehen gelegentlich Mutanten. Normalerweise sind sie unerwünscht, aber manche Züchter behalten sie – entweder um sie mit anderen Mutanten zu paaren, um zu sehen, ob sie reinerbige Nachkommen hervorbringen, oder um sie zum Originalexemplar rückzuzüchten. Manchmal werden Mutanten auch mit gänzlich anderen Rassen gepaart.

Da sich die Rassen so verschieden entwickelt haben, haben die Kaninchenzuchtvereine in den unterschiedlichen Ländern ihre eigenen Unterscheidungsmerkmale festgelegt. In Großbritannien beispielsweise unterscheidet man vier Zuchtgruppen: reine **Ausstellungskaninchen** (ANGORA oder HOLLÄNDER), **Widder** (die erst im Jahr 2000 durch den BRC als eigenständige Gruppe anerkannt wurden), **Rexe** (die in Großbritannien als Variationen einer Rasse gelten) und **Fellkaninchen** (Rassen mit außergewöhnlichem Fell).

In Deutschland ist die Einteilung anders: Es gibt zunächst die **Normalhaarrassen,** die in **Große** (RIESENKANINCHEN), **Mittelgroße** (THÜRINGER, WIENER, ALASKA, JAPANER, HELLE GROSSSILBER oder MECKLENBURGER SCHECKEN), **Kleine** (SIAMESEN, HOLLÄNDER oder RUSSEN) und **Zwergrassen** (HERMELINE, FARBENZWERGE oder ZWERGWIDDER) unterteilt sind. Darüber hinaus finden sich die **Haarstruktur-Rassen** (SATINKANINCHEN), die **Kurzhaar-Rassen** (REXKANINCHEN) und die **Langhaar-Rassen** (ANGORAKANINCHEN).

SHOWQUALITÄTEN

JEDEM PREISRICHTER IST ES SCHON EINMAL PASSIERT: heftige Kritik von verzweifelten Eltern, weil das Kaninchen ihres Kindes nur auf den letzten Platz kam. Aber es gibt erhebliche Unterschiede zwischen einem niedlichen Haustier und einem außerordentlichen Ausstellungskaninchen. Das Urteil beruht auf den Rassestandards der entsprechenden Rasse, und ein Kaninchen, das den Standards entspricht, wird bei jedem Preisrichter eine hohe Punktzahl erzielen.

Ein preisgekröntes Kaninchen kann nur einem guten Stamm entspringen; es stimmt, dass man „aus einem Ackergaul kein Rennpferd machen kann". Dennoch gibt es keine Garantie auf siegreiche Nachkommen.

Spitzenzüchter haben zumindest eine Grundvorstellung von genetischen Mustern. Sie müssen beispielsweise verstehen, was Linienzucht, Inzucht, Auskreuzung, rezessive und dominante Gene bedeuten, wenn sie nicht nur auf ihr Glück vertrauen wollen.

Die meisten Ställe arbeiten mit einem „Alpha-Rammler", der alle (oder die meisten) Qualitäten in sich vereint, die der Züchter vervielfältigen

Es gibt Unterschiede zwischen der einfachen Kaninchenhaltung und der Erfahrung, die ein Spitzenzüchter hat, um ein Siegerkaninchen zu züchten.

möchte. Der Züchter muss nun die richtigen Häsinnen zur Paarung auswählen, um die gewünschten Merkmale an die Nachkommen weiterzugeben. Bei vielen Rassen liegt der Schwerpunkt der Züchter auf den sichtbaren Merkmalen, wie Farbe und Fellmuster, die – zusammen mit den genetischen Veranlagungen – den Rassekriterien entsprechen müssen. An dieser Stelle sind Kompetenz und Erfahrung des Züchters von entscheidender Bedeutung.

Auch wenn Züchter erfolgreich Jungtiere gezüchtet haben, müssen sie für optimale Bedingungen sorgen, in denen diese aufwachsen können.

Der Standard legt für jede Rasse ein Mindest- und ein Höchstgewicht fest. Wiegt ein Tier mehr oder weniger, wird es disqualifiziert. Das genetische Erbe ist für das natürliche Gewicht eines Kaninchens entscheidend, aber ebenso wichtig sind Haltung und Fütterung. Zu viel oder zu wenig Bewegung, zu viel oder zu wenig bzw. vielleicht sogar das völlig falsche Futter – das sind wesentliche Faktoren, die bei der Zucht von Sieger-kaninchen berücksichtigt werden müssen.

MEISTERSCHAFTEN

D IE HEUTIGEN EUROPASCHAUEN IN DER SPARTE Kaninchen oder die Jahresversammlungen des Amerikanischen Kaninchenzüchterverbandes haben nur wenig Ähnlichkeit mit den frühen Kaninchenausstellungen in den Hinterräumen der Londoner Pubs. Allerdings teilen alle das Ziel, das allerbeste Kaninchen zu küren.

Ob nun zehn oder tausend Kaninchen teilnehmen – die Preisrichter müssen einen Standard und ein strukturiertes Ausleseverfahren haben, um das beste Tier zu ermitteln. In jedem Land, in dem Kaninchen ausgestellt werden, gibt es einen nationalen Züchterverband, der eine Reihe von Rassestandards anerkennt: in Deutschland den ZENTRALVERBAND DEUTSCHER RASSE-KANINCHENZÜCHTER (ZDRK), in Großbritannien den BRITISH RABBIT COUNCIL (BRC), in den USA die AMERICAN RABBIT BREEDERS ASSOCIATION (ARBA) und in Frankreich die FÉDÉRATION FRANÇAISE DE CUNICULICULTURE (FFC).

Generell gibt es bei der Beurteilung zwei Methoden: die vergleichende Beurteilung (im englischsprachigen Raum), bei der die Preisrichter jedes Kaninchen mit den anderen Kaninchen in seiner Klasse vergleichen, um zu entscheiden, welches Tier in die nächste Runde weiterziehen darf, oder die Beurteilung über eine Punktevergabe (in den anderen europäischen Ländern), bei dem die Preisrichter jeweils ein Kaninchen beurteilen und für jedes Tier eine Punktezahl vergeben.

In den USA werden die Kaninchen in Reisekäfigen aus Draht zu den Regionalausstellungen transportiert, die dann in die Ausstellungshalle gestellt werden, bis Ordner die Kaninchen in Ställe vor die Preisrichter stecken. In Großbritannien werden die Kaninchen in Reisekisten zu den Ausstellungen gebracht und dann in Drahtkäfige gesteckt, die zu zweit oder dritt in der Halle übereinandergestapelt werden.

Die Nationalverbände gruppieren ihre Kaninchen unterschiedlich. Wie schon erwähnt gibt es in Großbritannien vier Zuchtgruppen. Bei kleinen Regionalausstellungen beurteilt ein Preisrichter beispielsweise zwei Gruppen, ein anderer die anderen zwei. Wenn sich beide Richter auf das beste Kaninchen in jeder Gruppe festgelegt haben, kommen sie zusammen und entscheiden über das beste Tier der ganzen Schau.

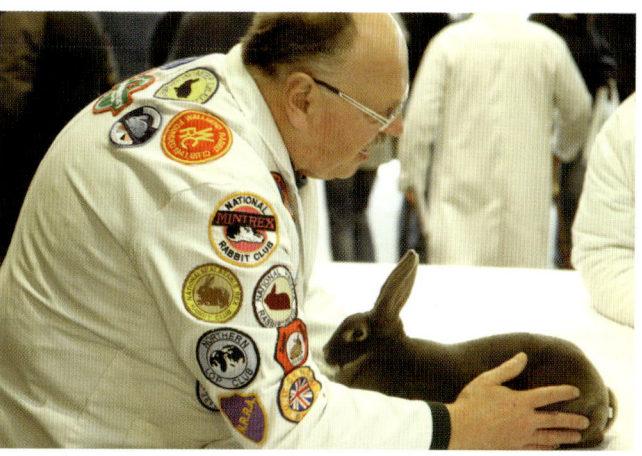

Für einen erfahrenen Preisrichter wird ein Kaninchen aus der Masse herausragen, aber die Standards bieten ein strukturiertes Ausleseverfahren.

AUSSTELLUNGSVORBEREITUNG

EBENSO WIE OLYMPIASIEGER HABEN PREISGEKRÖNTE Kaninchen eine lebenslange Vorbereitung hinter sich. Erfahrene Kaninchenzüchter ermitteln potenzielle Siegertypen bereits kurz nachdem die Jungen das Nest verlassen. In Großbritannien muss der Hinterlauf von jedem Ausstellungskaninchen mit einem spezifischen BRC-Registrierungsring versehen werden, wenn das Tier noch jung ist (bei den meisten Rassen mit etwa zehn Wochen); in den USA und anderen Ländern Europas erhält jedes junge Ausstellungskaninchen eine spezifische Nummer in ein Ohr tätowiert.

Von entscheidender Bedeutung sind Größe und Standort des Stalls. Die Kaninchen benötigen genügend Bewegungsfläche. Direkte Sonne bewirkt bei einigen Rassen, dass die Fellfarben ausbleichen, während Langhaarrassen eher Frischluft benötigen.

Wenn ein potenzielles Siegerkaninchen etwa zehn bis zwölf Wochen alt ist, sollte das ernsthafte Training beginnen. Um den Ausstellungsanforderungen gewachsen zu sein, muss ein Kaninchen daran gewöhnt werden, in einem Käfig oder einer Kiste zu

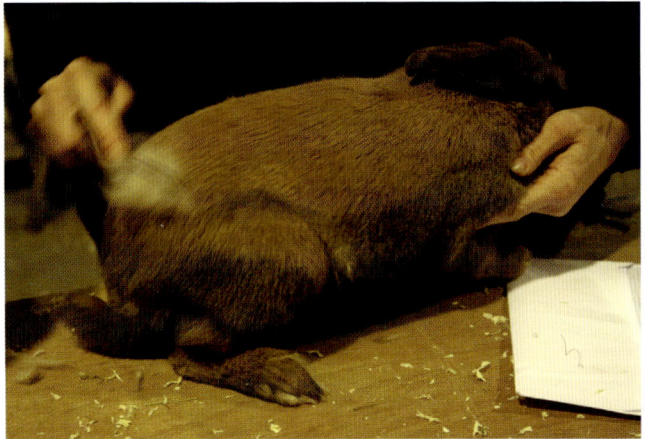

Bürsten, schneiden, säubern und zurechtmachen: Die Vorbereitungen für eine Ausstellung sind langwierig, aber notwendig.

reisen und vor allen Dingen Lärm, Lichter und Menschen zu ertragen. Ein Ausstellungskaninchen muss trainiert werden, seine natürlichen Instinkte – nämlich in seinem Bau zu verschwinden, wenn es Gefahr wittert – zu überwinden.

Züchter setzen normalerweise junge Tiere für kurze Zeit in einen Reisekäfig und erhöhen allmählich die Zeit, die sie darin verbringen. Man muss sich regelmäßig mit den Tieren beschäftigen und ihnen beibringen, in der für die Rasse vorgeschriebenen Position auszuharren. All dies erfordert Zeit und Geduld, aber ohne das Training wäre das Kaninchen bei der Ausstellung ein nervöses Wrack.

Neben richtiger Unterbringung, Nahrung und Training müssen auch die Kaninchenställe makellos sauber sein – dreckige Kaninchen gewinnen keine Preise. Die Krallen müssen gekürzt und das Fell gepflegt sein.

Je weiter man sich dem Tag der Ausstellung nähert, desto mehr Anstrengungen werden unternommen. Jeder Aussteller hat seine geheimen Mittelchen, um das Fell des Kaninchens zum Glänzen zu bringen und es so aussehen zu lassen, als strotze das Kaninchen vor Gesundheit.

WORAUF DIE RICHTER ACHTEN

Die Preisrichter können jedem Kaninchen höchstens hundert Punkte geben. Der Standard für die entsprechende Rasse beschreibt, wie sich diese Punkte verteilen. So können für den Britischen Zwergwidder bis zu dreißig Punkte für „Typ/Gewicht" vergeben werden, bis zu zwanzig für „Fellhaar", bis zu dreißig für „Kopf, Krone, Augen und Ohren", bis zu fünfzehn für „Farbe und Muster" und bis zu fünf für „Pflegezustand". Jedes dieser Merkmale wird dann analysiert und detailliert beschrieben, sodass Züchter und Aussteller ebenso wie Richter genau wissen, worauf sie achten müssen. Ein Kaninchen, das diesem Muster genau entspricht, repräsentiert das perfekte Exemplar, das, was jeder Züchter versucht zu erreichen. Das Training eines Kaninchens kann das Endergebnis entscheidend beeinflussen. Die Preisrichter betrachten ein Kaninchen mit Wohlwollen, das besonders gut „posiert" und so seine Attribute optimal herausstellt.

Zusätzlich zu den Rassestandards veröffentlicht jeder nationale Zuchtverband Richtlinien für alle Rassen, die den Zustand der Ausstellungstiere betreffen. In Großbritan-

Ein braves und gut trainiertes Kaninchen, an die widrigen Ausstellungsbedingungen gewöhnt, wird bei den Preisrichtern punkten.

nien tragen sie den Titel: „General Recommendations for All Breeds on Condition, Faults and Disqualifications". Sie betonen die Notwendigkeit, dass das Ausstellungstier in „optimalem Gesundheitszustand sein sollte … Das Fell sollte die allgemein gute Gesundheit des Tiers widerspiegeln, das Tier sollte lebhaft und kräftig sein". Die Richtlinien enthalten ebenfalls eine lange Liste mit Gründen zur Disqualifikation.

Manche Aussteller sind unglücklicherweise zum Betrug bereit. Sie nutzen schwarze Schuhcreme, um weiße Flächen zu verdecken, oder entfernen schwarze Haare aus einer Fläche, die weiß sein sollte. Aber diese üblen Tricks werden von den gründlichen, methodisch arbeitenden Preisrichtern entdeckt. Die meisten Richter kontrollieren erst, ob sie Tiere disqualifizieren müssen, bevor sie sich der eigentlichen Prüfung widmen.

In den USA füllen die Preisrichter eine „Rabbit Show Remarks Card" aus, die ihre Beurteilung aller Elemente enthält, die die Rassestandards erfordern. In Europa nutzen sie einen Bewertungsbogen, der zeigt, wie viele Punkte für jedes Standardmerkmal vergeben worden sind.

SELTENE RASSEN

Sie werden eher *einen Dodo* in Ihrem Stall finden als eins der folgenden KANINCHEN auf einer Schau. Hier finden Sie eine *exklusive* Zweierklasse: GOLDEN GLAVCOT und ASTREX REX, die beide als ausgestorben gelten. *Aber sehen Sie selbst ...*

GOLDEN GLAVCOT

Das GOLDEN GLAVCOT selbst war ausgestorben, wurde aber neu gezüchtet und 1976 in der Gruppe der seltenen Tiere auf der Doncaster Championship Show gezeigt. Nach den 1970er Jahren wurde nie wieder ein Golden Glavcot gesehen, wahrscheinlich ist es wieder ausgestorben.

Merkmale

Das Golden Glavcot war ein mittelgroßes, goldbraunes Kaninchen mit einem mandolinenförmigem Körper, der seine Verwandtschaft mit van Beveren zeigte. Sein Fell war sehr weich, fein und dicht, etwa 2,5 cm lang. Ein schieferblaues Unterfell ging in Braun über, mit Spitzen in hellem rötlichem Grau. Alles verlieh dem Tier ein goldenes Aussehen, wobei Nacken, Flanken und Brust etwas heller waren als der Körper.

Nutzung

Das Golden Glavcot wurde zwischen den beiden Weltkriegen in einer Zeit großer Entbehrungen in England geschaffen, wo es überaus nützlich war: Es diente als Ausstellungstier (Preisgeld), als Nahrung für die Familie, wenn es zu alt zum Ausstellen war, und sein Fell konnte an Pelzhändler verkauft werden.

Verwandte Rassen

Das Golden Glavcot wurde aus Siberian (die ersten waren braun), Havanna (daher das Muster) und van Beveren (daher der mandolinenförmige Körper) gezüchtet.

Gewicht

Durchschnittsgewicht eines ausgewachsenen Tieres 2,5 kg

Herkunft und Verbreitung

Das Golden Glavcot wurde 1930 in England geschaffen und in den 1970er Jahren neu gezüchtet, war aber trotz seines herrlichen Fells nie in der Lage sich zu etablieren und ist heute ausgestorben. Es gibt keinen Hinweis für eine Verbreitung dieser Rasse außerhalb von Großbritannien.

England

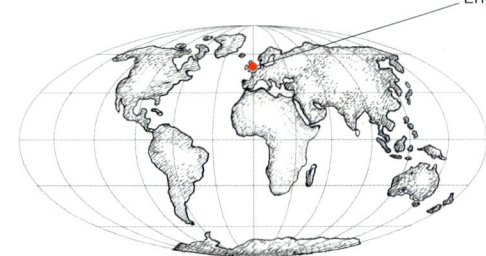

ASTREX REX

Als einzigartige Rasse in den 1930er Jahren gezüchtet, hat das ASTREX REX ein charakteristisches „welliges" Fell, das das Ergebnis einer einfachen rezessiven Mutation ist. Als sich aber herausstellte, dass das Fell zum Gerben nicht geeignet war, starb die Rasse aus. Die Mutation taucht gelegentlich wieder auf, aber kein Kaninchen mit welligem Haar hat je Ausstellungsstandards erreicht.

Merkmale

Das Astrex Rex steht nach wie vor auf der Liste der BRC-Rassen. Die Rassestandards legen fest, dass das Tier ein dichtes und lockiges Fell haben sollte, das den ganzen Körper bedeckt.

Nutzung

Astrex-Rex-Züchter aus den USA hofften, dass das ungewöhnliche wellige Fell bei Pelzhändlern gefragt sein würde, aber als sich herausstellte, dass es nicht zum Gerben geeignet ist, war das Tier dem Niedergang geweiht. In Großbritannien versuchten einige Züchter, ein Astrex Rex zu züchten, das den strengen Standards der Rex-Rasse entsprach, aber sie scheiterten. Einige Exemplare dienten stattdessen zur Fleischversorgung.

Verwandte Rassen

Die Astrex-Rex-Mutation kann in jeder Rasse, die Rex- oder Angoragene in sich trägt, auftauchen. In der Standard-Rex-Rasse ist sie bis zum Ausstellungsstandard entwickelt worden.

Gewicht

Durchschnittsgewicht eines ausgewachsenen Tieres
3,2 kg

Herkunft und Verbreitung

Nachdem das Astrex Rex in den 1930er Jahren in England entstanden war, verbreitete es sich schnell in den USA. In den vergangenen Jahren sind Tiere mit Mutation in Kanada, Australien, den USA und Großbritannien aufgetaucht, aber nicht in Ausstellungsqualität.

England

DIE KANINCHEN

Sie sind eher daran gewöhnt, Kaninchen *auf dem Feld* zu sehen als IN EINER SCHAU? Seien Sie auf eine Überraschung vorbereitet. Nasen *schnuppern* vorsichtig, Pelze werden MIT SCHWUNG getragen und die Augen sind fest auf die *Preise* gerichtet. Die Bühne frei für … SCHÖNE KANINCHEN!

MARDER-REXE

HÄSIN

Eine Genmutation brachte diese einzigartige kurzhaarige Kaninchenklasse hervor. Die Geschichte der REX-Kaninchen mit ihrem samtartigen Fell ist eine Lektion in Genetik, mit Mutationen, Inzucht und Auskreuzung. Ursprünglich hieß die Rasse Castor Rex (Biberkönig), aber in der ganzen Kaninchenwelt sind die Tiere heute einfach als Rexe bekannt.

Merkmale

Das Standard-Rex ist mittelgroß mit einem breiten und kräftigen Kopf, die Ohren stehen aufrecht. Der Körper steigt nach hinten etwas an. Rexe werden in praktisch jeder Farbe und jedem Muster gezüchtet: Dunkelmarder (hier abgebildet) ist ein kräftiges, dunkles Braun, etwas heller an den Flanken. Bauch, Augenringe, Kinnbackeneinfassung und Nackenkeil sind weiß.

Nutzung

Das dichte, weiche Fell des Rexkaninchens machte es zum klassischen Zweinutzungskaninchen (Fleisch/Fell) in den entbehrungsreichen 1920er und 1930er Jahren. Heute wird es als reines Ausstellungskaninchen gezüchtet – eine Rolle, in der es brilliert und viele Preise gewinnt.

Verwandte Rassen

Alle Standard-Rexe gelten in Großbritannien als verschiedene Farbvarianten einer Rasse, auch die Zwergrexe sind nur kleine Varianten des Standardkaninchens. Das Marder-Rex ist ein Produkt einer Kreuzung aus schwarzen Rexen und Marderkaninchen.

Gewicht

Durchschnittsgewicht eines ausgewachsenen Tieres
3,2 kg

Herkunft und Verbreitung

Alle Rexkaninchen stammen von einem Hof im Departement Sarthe im nordwestlichen Frankreich (1919). Sie werden heute in ganz Europa, den USA, Australasien und Japan ausgestellt.

Frankreich

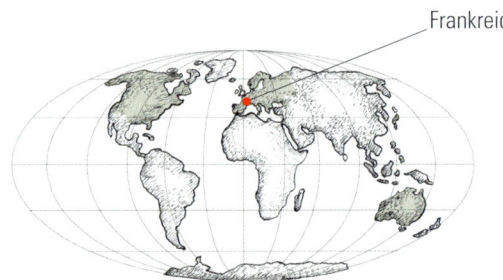

KLEINWIDDER

RAMMLER

KLEINWIDDER wurden erstmals in Holland ausgestellt, wo sie aus Chinchilla-kaninchen und Farbenzwergen entwickelt worden waren. Von Ersteren haben sie das großartige dichte Fell, von Zweiteren das breite Farbspektrum (hier abgebildet: blauwildfarbig). Im Allgemeinen werden aufgrund der erforderlichen breiten Kopfform nur Rammler ausgestellt, denn Häsinnen haben diese Form nicht.

Merkmale

Kleinwidder sind gedrungene, muskulöse Kaninchen mit breiten Schultern und kurzen, geraden Beinen. Die Hängeohren sind breit, dick und hängen – wenn man die Tiere von vorne betrachtet – in Hufeisenform herunter.

Nutzung

Kleinwidder wurden als kleine Ausstellungswidder gezüchtet. In den 1990er Jahren hatte die Einführung der kleineren Zwergwidder nach Großbritannien zur Folge, dass Kleinwidder als mittelgroße Kaninchen eingestuft wurden.

Verwandte Rassen

Kleinwidder wurden aus Chinchillakaninchen und Farbenzwergen entwickelt, aber alle Widderkaninchen sind miteinander verwandt. Die charakteristischen Hängeohren stammen vom Englischen Widder.

Gewicht

Durchschnittsgewicht eines ausgewachsenen Tieres 2,1 kg

Herkunft und Verbreitung

Nachdem Kleinwidder in den 1950er und 60er Jahren in den Niederlanden entwickelt worden waren, kamen sie 1970 nach Großbritannien. Heutzutage werden sie in den USA, in Großbritannien, Europa und Australasien ausgestellt, neuerdings auch in Japan und im Fernen Osten.

Niederlande

SIBERIAN
HÄSIN

Es ist nicht klar, warum diese moderne Rasse, erstmals in den 1930er Jahren in Großbritannien gezüchtet, SIBERIAN – also Sibirisches Kaninchen – heißt, da es eine wahrhaft englische Züchtung ist. Es ist nicht mit dem heute ausgestorbenen Siberian (auch als Moskauer bekannt) verwandt, das im 19. Jahrhundert im nördlichen Europa gezüchtet wurde. Die ersten Siberians waren kaffeebraun, jetzt gibt es sie in Schwarz, Blau und Fehfarbe (s. Abb.).

Merkmale

Das Siberian ist ein mittelgroßes Kaninchen mit einem leicht gewölbten Rücken. Sein Kopf ist eher lang als breit. Das dichte Fell richtet sich, wenn das Kaninchen gegen den Strich gestreichelt wird, nur langsam wieder auf – das ist für ein kurzes, dichtes Fell typisch.

Nutzung

Das Siberian kann wirklich als Mehrzweckkaninchen beschrieben werden. Viele Jahre lang diente es als gutes familiengerechtes Fleischkaninchen und hatte außerdem ein dichtes ausgezeichnetes Fell, das bei Pelzhändlern sehr beliebt war. Heutzutage haben Züchter Freude daran, den Sibs (so der populäre Name der Siberians) ein hervorragendes Fell für Ausstellungen zu züchten.

Verwandte Rassen

Die ursprünglich kaffeefarbenen Siberians entstanden aus Paarungen zwischen Englischen und Havanna-Kaninchen. Das Lilac – nicht verwandt mit dem fehfarbenen Siberian – wurde eingesetzt, um die Fehfarbe hervorzubringen. Die einzigen noch lebenden Verwandten sind Havanna-Kaninchen.

Gewicht

Durchschnittsgewicht eines ausgewachsenen Tieres 2,7 kg

Herkunft und Verbreitung

Das Siberian wurde 1930 in Essex, England, geschaffen. Überschattet vom Havanna, von dem es abstammt, wird es nur in Europa gezüchtet, während sich das Havanna auf der ganzen Welt verbreitet hat.

England

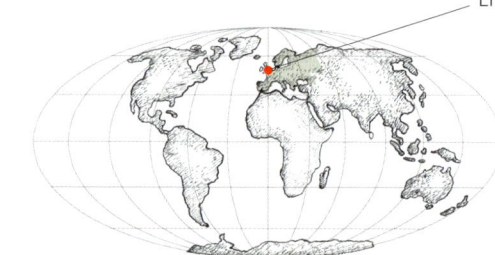

BLAUE WIENER

RAMMLER

Sowohl BLAUE WIENER (hier abgebildet) als auch Weiße und Schwarze Wiener haben als separate Rassen begonnen, aber ihre Standards sind verschmolzen, sodass sie heute in Großbritannien als drei Farben einer Rasse angesehen werden. Vor Kurzem sind auch Blaugraue Wiener aus Europa nach Großbritannien gekommen, um die drei etablierten Farben zu ergänzen.

Merkmale

Das Wiener ist ein mittelgroßes Kaninchen mit einem stämmigen, walzenförmigen Körper. Der breite, auffällige Kopf wird auf einem kurzen, fast unsichtbaren Hals getragen. Von starken, muskulösen Schultern fällt der Rücken sanft zum vollen Hinterteil ab. Das dichte, mittellange Fell mit dem vollen Deckhaar schimmert. Die behaarten, rundlichen Ohren stehen aufrecht.

Nutzung

Ursprünglich waren Wiener eine Zweinutzungsrasse mit gutem Fleisch und einem Fell, das bei Pelzhändlern sehr beliebt war. Seit dem Niedergang der Fleisch- und Pelzindustrie macht das homogene Fell diese Rasse zur Ausstellungsrasse par excellence.

Verwandte Rassen

Das originale Blaue Wiener ähnelt dem van Beveren so sehr, dass es manchmal als Blaues van Beveren bezeichnet wird. Das Silberkaninchen wurde bei der Züchtung ebenfalls eingesetzt, muss allerdings als entfernter Cousin angesehen werden.

Gewicht

Durchschnittsgewicht eines ausgewachsenen Tieres
4,3 kg

Herkunft und Verbreitung

Das Wiener wurde 1895 in Wien gezüchtet und ist ein beliebtes Ausstellungskaninchen in ganz Europa, vor allem in Deutschland, den Niederlanden und der Schweiz. Außerhalb von Europa ist es nicht verbreitet.

Österreich

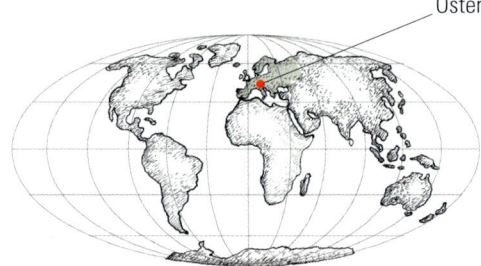

THÜRINGER

RAMMLER

Wie der Name schon sagt, stammt das THÜRINGER aus der gleichnamigen deutschen Region und zeichnet sich durch seine ungewöhnliche Farbe, Chamois oder Schamoa genannt, aus. Sein Grannenhaar verleiht dem Fell einen rußartigen Schleier, der rund um das Maul etwas dunkler ist, wodurch es zu einer Art Maskeneffekt kommt. Obwohl es an einigen Stellen heller ist, bedeckt der Schleier den ganzen Körper.

Merkmale

Das Thüringer ist ein attraktives, leicht gedrungenes und rundliches Kaninchen. Der Kopf des Rammlers ist kurz, stark und breit, der der Häsin feiner und schmaler. Die mittellangen, behaarten Ohren stehen aufrecht. Das Thüringer hat eine gelb-rötlichbraune Deckfarbe, die allerdings von dem dunklen Grannenhaar überschleiert wird.

Nutzung

In Europa wird das Thüringer als seltene Rasse eingestuft und heutzutage als reines Ausstellungskaninchen gezüchtet, obwohl es früher als Zweinutzungstier (Fleisch/Pelz) galt. Da es nur selten auf Ausstellungen zu sehen ist, haben Preisrichter wie Aussteller keine großen Erfahrungen mit dieser Rasse.

Verwandte Rassen

Das Thüringer wurde aus Kreuzungen zwischen Russen-, Silber- und Riesenkaninchen gezüchtet. Es ähnelt dem Cinnamon aus den USA, ist allerdings nicht so groß.

Gewicht

Durchschnittsgewicht eines ausgewachsenen Tieres
3,7 kg

Herkunft und Verbreitung

Das Kaninchen wurde von einem deutschen Lehrer in Thüringen gezüchtet, ist gut verbreitet, aber nur selten auf Ausstellungen in Europa zu sehen. Weiter verbreitet hat es sich nicht.

Deutschland

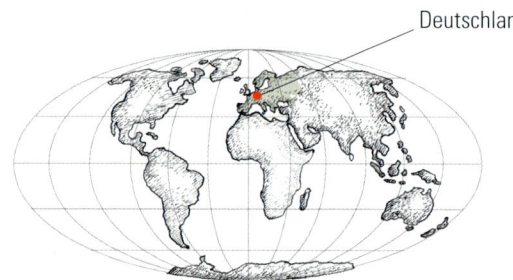

BLAUGRAU-REXE
HÄSIN

Als das Rex-Kaninchen in den 1920er Jahren nach Großbritannien kam, wurde es aufgrund seiner übergroßen, oft hängenden Ohren als hässlich empfunden. Harte Arbeit durch mehrere Generationen von leidenschaftlichen Züchtern hat das schöne Rex erbracht, das wir heute kennen. Das Standard-Rex hat ein dichtes, weiches, schimmerndes Fell; durch die kurzen Haare fühlt es sich plüschig an.

Merkmale

Der Körper des Rex steigt vom Nacken zur Hinterpartie leicht an. Sein Fell ist nur etwa 1,3 cm lang und hat eine feine, seidige Struktur. Das Blaugrau-Rex (hier abgebildet) hat blassblaues Deckhaar unter einer Schicht Goldloh, darunter ist ein schieferblaues Unterfell. Bauch, Augenringe und Kinnbackeneinfassung sind weiß.

Nutzung

Das Rex war in den 1920er und 1930er Jahren ein klassisches Zweinutzungskaninchen (Fleisch/Pelz): Sein Fell war bei Pelzhändlern begehrt und sein Fleisch brachte hungrige Familien durch die Jahre der Depression. Heutzutage ist es ein reines Ausstellungskaninchen, das häufig siegreich ist.

Verwandte Rassen

Das Blaugrau-Rex ist ein Mitglied der Standard-Rex-Familie. Sein Muster stammt vom Wildkaninchen.

Gewicht

Durchschnittsgewicht eines ausgewachsenen Tieres
3,2 kg

Herkunft und Verbreitung

Die Rex-Mutation trat erstmals 1919 auf einem Hof im Departement Sarthe im nordwestlichen Frankreich auf. Rex-Kaninchen sind überaus populär und werden in den USA, in ganz Europa, Australasien und Japan ausgestellt.

Frankreich

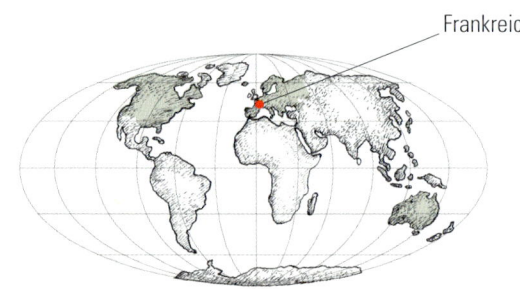

HERMELIN
RAMMLER

Hermelinkaninchen sind eine alte Rasse, die von den Wildkaninchen abstammt. In England, wo ihre Ursprünge liegen, heißen sie „Polnische Kaninchen", aber es ist unklar, woher dieser Name – der seit Mitte des 19. Jahrhunderts verwendet wird – stammt. In den USA, wo sie ebenfalls sehr beliebt sind, heißen sie Britannia Petite.

Merkmale

Als Zwergrasse ist das Hermelin eher zartgliedrig. Streichelt man das Fell gegen den Strich, stellen sich die Haare schnell wieder auf. In einer Ausstellung muss es in der richtigen Pose zu sehen sein, sonst kann die Ausgeglichenheit aller Merkmale nicht richtig eingeschätzt werden. Hermelinkaninchen (hier abgebildet: Weiß Rotauge) werden heute in allen Farben und Mustern gezüchtet.

Nutzung

Das Hermelin ist immer eine eher empfindliche Rasse gewesen. Aber in der Vergangenheit hat es einiges wettgemacht, und sein Fell wurde als Ersatz für Hermelinpelze verwendet. Heutzutage ist es seine Fähigkeit, bei Ausstellungen Spitzenplatzierungen zu erringen, die es bei Züchtern so beliebt macht.

Verwandte Rassen

Streng genommen hat das Hermelinkaninchen keine Verwandten außer dem Wildkaninchen. Viele der bunten Hermelinkaninchen wurden durch Kreuzungen mit Farbenzwergen gezüchtet.

Gewicht

Durchschnittsgewicht eines ausgewachsenen Tieres
1,1 kg

Herkunft und Verbreitung

Hermelinkaninchen stammen ursprünglich aus England und wurden erst 1977 in den USA anerkannt. Das rotäugige weiße Hermelinkaninchen (in Großbritannien) und das Britannia Petite (in den USA) sind die großen Gewinner auf Kaninchenausstellungen, wobei die bunten Varianten nicht so begehrt sind. In Europa sind Hermelinkaninchen nicht verbreitet.

England

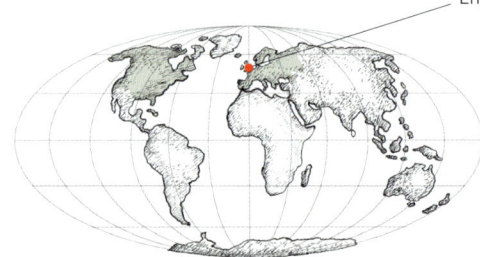

VAN BEVEREN

HÄSIN

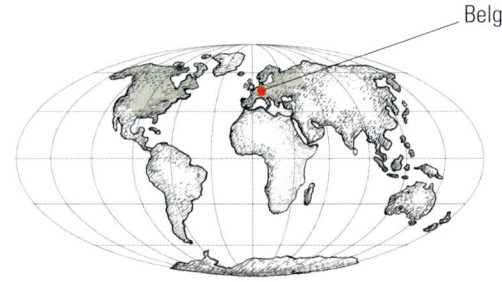

Ursprünglich wurde dieses Kaninchen „Blaues aus Beveren" genannt, als Hinweis auf den belgischen Ort, aus dem es stammt. Angeblich wurden zwischen den beiden Weltkriegen VAN BEVEREN im Buckingham Palace gehalten, als Haustiere für die jungen englischen Prinzessinnen Elizabeth and Margaret. Man sagt, die v-förmige Ohrenstellung sei Inspiration für das V im Victory-Zeichen gewesen.

Merkmale

Van Beveren sind mittelgroße bis große Kaninchen mit einer charakteristischen Körperform, die einer umgedrehten Mandoline ähnelt. Sie werden in folgenden Farbschlägen gezüchtet: schwarz, weiß (hier abgebildet), braun und heutzutage sogar fehfarben. Das äußerst dichte, seidige Fell sollte zwischen 2,5 und 3,8 cm lang sein.

Nutzung

Obwohl es ursprünglich blau war, wurde das van Beveren auf Wunsch der Pelzhändler bald auch in Weiß gezüchtet, da sie ein einfach einzufärbendes Fell haben wollten. Heutzutage dominiert wieder der blaue Farbschlag. Van Beveren werden nur für Ausstellungen gezüchtet.

Verwandte Rassen

Auch wenn es von den Blauen von St. Niklaas und den Belgischen Riesen abstammt, ist das van Beveren eng mit den heutigen Wienern verwandt.

Gewicht

Durchschnittsgewicht eines ausgewachsenen Tieres
3,9 kg

Herkunft und Verbreitung

Das van Beveren stammt ursprünglich aus Belgien und ist ein äußerst beliebtes Ausstellungskaninchen in ganz Europa, auch in Großbritannien, wo es erstmals 1915 auftaucht. Das Schwarze wurde 1919 entwickelt, das Weiße erst in den späten 1920er Jahren. Auch in den USA sind van Beveren sehr populär.

Belgien

ZWERGREXE

HÄSIN

Kaninchenzüchter können einfach nicht widerstehen: Sie müssen aus kleinen große Kaninchen züchten und aus großen kleine. Und so nahmen sie das Standard-Rex, verkleinerten es und schufen so das Zwergrex. Zwergrexe gibt es heutzutage in allen anerkannten Farben und Mustern, die auch die Standardtiere haben.

Merkmale

Das Zwergrex ist genau das: eine kleine Version des Standard-Rex. Es hat einen breiten Kopf mit aufrecht stehenden Ohren, die in den Proportionen zum Körper, der vom Nacken zur Hinterpartie leicht ansteigt, passen. Das Castor (hier abgebildet) hat dunkles, kastanienfarbenes bis braunes Deckhaar. Unter dem Deckhaar ist es kräftig orange, die Grundfarbe ist ein dunkles Schieferblau.

Nutzung

Zwergrexe wurden in den 1980er Jahren in den USA und in den 1990er Jahren in Großbritannien gezüchtet – nach dem Niedergang der Pelzindustrie, die die erste Hälfte des vergangenen Jahrhunderts bestimmt hatte. Sie werden als reine Ausstellungstiere gezüchtet.

Verwandte Rassen

Die Zwergrexe haben ihr Plüschfell und die Köperform vom Standard-Rex geerbt, ihre Winzigkeit und Farbenvielfalt von den Farbenzwergen.

Gewicht

Durchschnittsgewicht eines ausgewachsenen Tieres
1,8 kg

Herkunft und Verbreitung

Obwohl es Zwergrexe erst seit relativ kurzer Zeit gibt, sind sie auf Ausstellungen in ihrem Herkunftsland und in Großbritannien extrem beliebt, neuerdings auch in Europa, Australasien, Japan und dem Fernen Osten.

USA

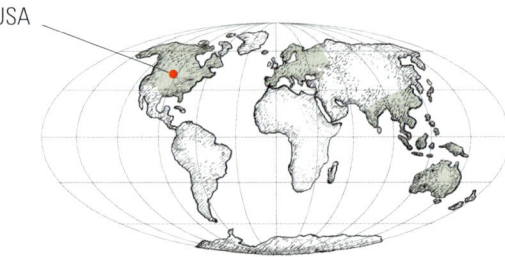

ENGLISCHE ANGORA

HÄSIN

Wahrscheinlich wurden ANGORAKANINCHEN schon zu römischen Zeiten gezüchtet . Danach haben sich in Europa zwei unterschiedliche Varianten herausgebildet: die französische und die kleinere englische Zuchtrichtung. Die Haare der Angorakaninchen werden durch Abzupfen, Auskämmen oder Scheren „geerntet" und von leidenschaftlichen Züchtern zu Wolle verarbeitet und verstrickt.

Merkmale

Das Englische Angorakaninchen ist rund und wie ein Schneeball. Es hat einen kurzen, breiten Kopf, kleine Ohren mit Haarbüscheln, einen gebogenen Rücken und kräftige Schultern. Es ist in vielen Farbschlägen – von Gold bis Weiß – anzutreffen.

Nutzung

Angorakaninchen haben nicht wirklich einen Pelz, sondern vielmehr Wolle und sind noch dazu eine sehr alte Rasse. Mindestens seit dem 18. Jahrhundert werden für die feine, seidenweiche Wolle Höchstpreise gezahlt. Heutzutage ist es ein vielfach ausgezeichnetes Ausstellungskaninchen.

Verwandte Rassen

Angorakaninchen sind ziemlich einzigartig und haben keine verwandten Rassen.

Gewicht

Durchschnittsgewicht eines ausgewachsenen Tieres
3,2 kg

Herkunft und Verbreitung

Die wahren Ursprünge des Angorakaninchens sind unklar. Einige Wissenschaftler glauben, es stamme aus Kleinasien (der heutigen Türkei); andere sind der Meinung, ihr Herkunftsland sei England, wo es aufgrund des hohen Wollwerts im 18. Jahrhundert verboten war, die Tiere zu exportieren. Heutzutage sind die Tiere vor allem in den USA beliebt, aber auch in Europa gibt es leidenschaftliche Züchter.

Kleinasien

FRANZÖSISCHE WIDDER

RAMMLER

Aus einer Kreuzung zwischen Englischen Widdern (wobei genau der Rammler genutzt wurde, der 1851 der Sieger der Londoner Weltausstellung war), Normannen(-rex) und Flämischen Riesen entstanden die FRANZÖSISCHEN WIDDER. Die ursprüngliche Form war in Frank-reich nicht sonderlich beliebt, und so waren es deutsche Züchter, die die Rasse weiterent-wickelten und verbesserten.

Merkmale

Das allgemeine Erscheinungsbild der Französischen Widder ist groß und gedrungen. Ausstellungstiere brauchen das charakteristische breite und flache Gesicht. Französische Widder sind in allen Farben und Mustern anerkannt, Mantelschecken (hier abgebildet) sind nur ein Beispiel für die unverwechselbaren Zeichnungen, die vom Britischen Rassestandard für Kaninchen mit „Schmetterlingsmuster" gefordert werden.

Nutzung

Französische Widder wurden aus dem „nur für Ausstellungen" vorgesehenen Englischen Widder als Fleischkaninchen gezüchtet. Dieses Riesenkaninchen kann bis zu 6,75 kg wiegen. Jetzt, wo Kaninchenfleisch nicht mehr so beliebt ist, haben sich Französische Widder in der Ausstellungsszene etabliert.

Verwandte Rassen

Von den Englischen Widdern haben sie die Hängeohren geerbt und sind so mit allen Mitgliedern der Widderfamilie verwandt. Die Mantelscheckenzeichnung stammt von den englischen Kaninchen, die im viktorianischen Zeitalter äußerst beliebt waren.

Gewicht

Durchschnittsgewicht eines ausgewachsenen Tieres
4,5 kg

Herkunft und Verbreitung

Die ersten Französischen Widder kamen 1933 aus den Niederlanden zur Ausstellung im Crystal Palace, waren anfänglich aber nicht sonderlich beliebt. Heutzutage sind sie populäre Ausstellungskaninchen in Europa, Australasien und den USA.

Frankreich

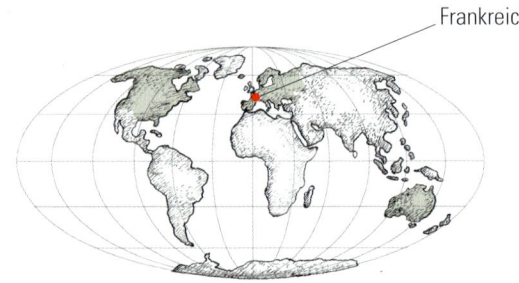

LILAC

HÄSIN

Zu Beginn des 20. Jahrhunderts wurde von dem berühmten Genforscher R.C. Punnet ein wunderschönes fehfarbenes Kaninchen – in England wurde es anfänglich Cambridge Lilac oder Essex Lavender genannt – geschaffen, indem er Havanna und Blaue van Beveren kreuzte. In Deutschland heißt die dem LILAC in etwa entsprechende Rasse Marburger Feh.

Merkmale

Das Lilac ist ein mittelgroßes Kaninchen mit rundlichem Körper, gedrungenem Kopf und gut behaarten, aufrecht stehenden Ohren. Seine Beine sollten kurz und gerade sein. Sein Fell ist sehr dicht und seidig. Es ist durch und durch fehfarben.

Nutzung

Das Lilac wurde als ein reinerbiges Experiment von Professor R.C. Punnet entwickelt, während er in Cambridge an den Mendel'schen Theorien arbeitete. Vielleicht aufgrund seiner Farbe oder weil es in die gleiche Gewichtsklasse fällt wie so viele andere Wirtschaftsrassen, war das Lilac nie besonders beliebt. Da es heute keinen echten Pelzhandel mehr gibt, wird es als reines Ausstellungskaninchen gezüchtet.

Verwandte Rassen

Als Ergebnis einer Kreuzung zwischen Havanna und Blauen van Beveren, deren Nachkommen wiederum mit havannafarbig-weißen Holländern gepaart wurden, steht das Lilac heute eher alleine da und hat keine direkten Verwandten.

Gewicht

Durchschnittsgewicht eines ausgewachsenen Tieres
2,8 kg

Herkunft und Verbreitung

Weder in Großbritannien, wo Lilacs zwischen 1913 und 1920 ursprünglich entstanden, noch in Europa oder den USA war die Rasse je sonderlich beliebt.

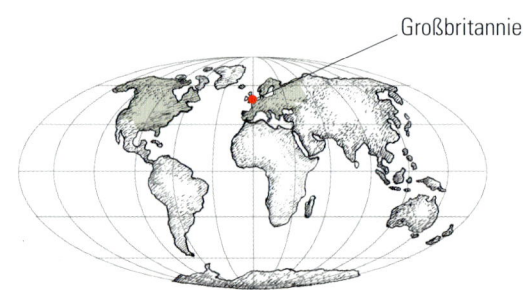

Großbritannien

SIAMESEN

HÄSIN

Die Grundfarbe der Marderkaninchen wurde geschaffen, als englische Züchter unerwünschte braune Mutanten mit einigen importierten Nachkommen von Chinchillakaninchen paarten. Weitere Kreuzungen ergaben die beiden Arten der Marderkaninchen, die heute in Europa bekannt sind: SIAMESEN (hier abgebildet) und Marder.

Merkmale

Marderkaninchen sind eher kleine Tiere mit einem gedrungenen Körper und einem unverwechselbaren rubinroten Schimmer in den Augen. Es gibt bei den Marderkaninchen drei Farbtönungen: hell, mittel und dunkel. Bei allen Marderkaninchen ist die Fellfarbe von entscheidender Bedeutung: Das Siamesenkaninchen mit mittlerer Tönung hat dunkle Stellen im Gesicht, auf den Ohren, dem Rücken, der Außenseite der Läufe und der Oberseite der Blume. Das Fell ist weich und dicht.

Nutzung

Zu Beginn des 20. Jahrhunderts waren diese Wirtschaftskaninchen aufgrund ihrer marderartigen Felle bei den Pelzhändlern sehr begehrt, daher wurden sie weithin gezüchtet. Heutzutage dienen sie nur zu Ausstellungszwecken, da die Pelz- und Fleischindustrie nicht mehr existiert.

Verwandte Rassen

Siamesenkaninchen stammen von den Chinchillakaninchen ab, von denen sie auch ihre unverwechselbare Farbe bekommen haben. Durch Kreuzungen haben sie wiederum ihre Farbe an Marder-Rexe und Farbenzwerge weitergegeben.

Gewicht

Durchschnittsgewicht eines ausgewachsenen Tieres
2,7 kg

Herkunft und Verbreitung

Marderkaninchen sind getrennt voneinander in Frankreich, Großbritannien und den USA gezüchtet worden. Sie sind nie eine der wesentlichen Ausstellungsrassen gewesen, da ihr Fell extrem schwer zu züchten ist, aber man findet sie weiterhin in ganz Europa und den USA.

Frankreich

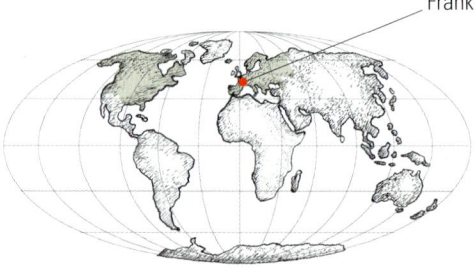

CHIN-REXE
HÄSIN

Mutierte REX-Kaninchen mit kurzen Haaren wurden erstmal von einem französischen Abt entdeckt, aber da er wenig Ahnung von Genetik hatte, begann er einfach eine Inzucht. Erst ein französischer Professor mit mehr Erfahrung rettete und kreuzte die frühen Rex-Mutationen mit anderen Rassen, sodass die anderen Farben der Rexe entstanden.

Merkmale

Bei Chin-Rexen erscheint das gesamte Deckhaar schwärzlich-weiß, was ihnen den glänzenden, chinchilla-ähnlichen Effekt verleiht, der diese Kaninchenrasse auszeichnet. Das Fell ist etwa 1,3 cm lang, hat eine feine, seidige Struktur, ohne rau oder flauschig zu sein.

Nutzung

Alle Standard-Rex-Arten wurden in den harten 1920er und 1930er Jahren als Zweinutzungsrasse (Fleisch/Fell) gezüchtet. Der stattliche, fleischige Körper bot Nahrung für die Familie, während das dichte Fell bei den damaligen Pelzhändlern sehr begehrt war. Alle Rexe sind heute nur noch Ausstellungs-kaninchen – eine Aufgabe, die sie mit Bravour lösen.

Verwandte Rassen

In Großbritannien gelten alle Standard-Rexe als unterschiedliche Farbschläge einer Rasse, Zwergrexe sind die kleine Variante. Das wildfarbige Chinchillakaninchen wurde bei der Erzeugung der Farbe der Chin-Rexe eingesetzt.

Gewicht

Durchschnittsgewicht eines ausgewachsenen Tieres
3,2 kg

Herkunft und Verbreitung

Chin-Rexe, die von einem Hof im Departement Sarthe im nord-westlichen Frankreich stammen, wurden erstmals 1926 in Paris gezeigt. Rex-Kaninchen sind überaus populär und werden in den USA, in ganz Europa, Australasien und Japan ausgestellt.

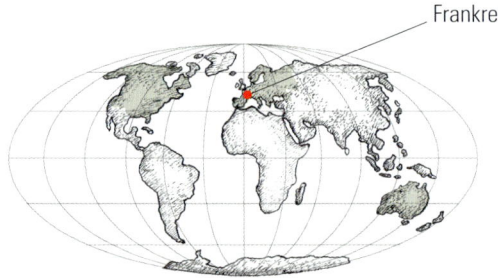

Frankreich

HELLE GROSSSILBER

HÄSIN

Silberkaninchen tauchen in der Literatur schon 1715 auf, wodurch sie zu einer der ältesten bekannten Rassen gehören. HELLE GROSSSILBER gehören zu der Familie von Silberkaninchen, die alle das unverwechselbare silbrige Deckhaar haben, aber mit verschiedenfarbiger Unterfarbe. Die Jungtiere werden schwarz geboren und lassen erst im Alter von sechs bis acht Wochen die Silberfarbe erkennen.

Merkmale

Helle Großsilber haben einen mittellangen, leicht gebogenen Körper, weder gedrungen noch übermäßig kräftig. Der Kopf ist breit und ziemlich lang. Das Fell, das nicht kürzer als 2,5 cm ist, ist dicht, seidig, glänzend und lässt die dunkle Unterfarbe durchscheinen, wodurch der silbrige Effekt entsteht.

Nutzung

Silberkaninchen dienen heutzutage nur noch Ausstellungszwecken. Das Amerikanische Champagne d'Argent war ein großes Fleischkaninchen, die viel kleineren europäischen Silberkaninchen wurden aufgrund ihres Fells gezüchtet.

Verwandte Rassen

Das ursprüngliche Helle Großsilber wurde aus Wildkaninchen gezüchtet. Alle Farbschläge der Silberkaninchen sind miteinander verwandt, egal ob in Europa oder den USA.

Gewicht

Durchschnittsgewicht eines ausgewachsenen Tieres
3,6 kg

Herkunft und Verbreitung

Die Rasse entstand in der französischen Champagne durch selektive Zucht aus Wildkaninchen und hieß anfangs in Deutschland auch Champagne-Silber, dann Französisches Riesen-Silberkaninchen. Nach England kam die Rasse erstmals 1940. Silberkaninchen sind in verschiedenen Größen und Farben in Europa und den USA weit verbreitet.

Frankreich

FARBENZWERGE

RAMMLER

FARBENZWERGE sind kompakte kleine Ausstellungskaninchen, die ursprünglich aus den Niederlanden stammen und dort „Kleurdwerg" heißen. Sie sind in Europa extrem beliebt und haben in der Ausstellungsszene ein großes Gefolge.

Merkmale

Farbenzwerge sind kompakte, gedrungene, kleine Kaninchen mit breiten Schultern und kurzen geraden Vorderläufen. Sie haben runde, breite Köpfe mit großen Augen und einer flachen Schnauzpartie. Während die Vielfalt an Mustern und Farben in Großbritannien begrenzt ist, haben sich Farbenzwerge beispielsweise in Deutschland in nahezu allen Farbschlägen durchgesetzt, wie beispielsweise marderfarbig braun (hier abgebildet).

Nutzung

Es wäre leicht zu behaupten, Farbenzwerge seien reine Showkaninchen, aber damit würde man den Beitrag, den die Züchter zum Verständnis der Farbenlehre in der Genforschung geleistet haben, ignorieren.

Verwandte Rassen

Englische Hermelinkaninchen wurden 1884 (oder auch früher) in die Niederlande exportiert, wo sie mit Wildkaninchen gekreuzt wurden. Dadurch entstanden die Farbenzwerge. Mithilfe der Farbenzwerge wurde das Gewicht anderer Rassen weiter reduziert und neue Farbschläge entwickelt.

Gewicht

Durchschnittsgewicht eines ausgewachsenen Tieres 0,9 kg

Herkunft und Verbreitung

Farbenzwerge stammen aus den Niederlanden und erfreuen weltweit Züchter und Halter.

Niederlande

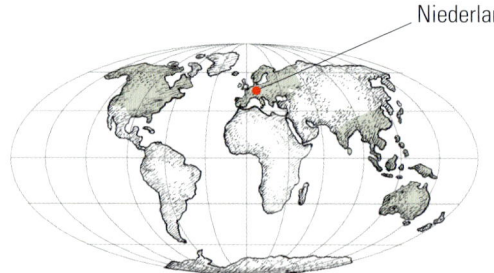

BLAUGRAUE WIENER

RAMMLER

Wiener sind definitiv Kaninchen, deren Fell man anfassen muss, um dessen Herrlichkeit schätzen zu können. Das BLAUGRAUE WIENER wurde durch Kreuzungen zwischen Blauen und Grauen Wienern entwickelt. Nach Großbritannien gelangte das Blaugraue Wiener 2009 und gesellte sich zu den drei bis dahin etablierten Farbschlägen: Blauen, Weißen und Schwarzen Wienern.

Merkmale

Wiener haben ein außerordentlich dichtes, seidiges und glänzendes Fell. Es ist mittellang: 3,2–3,8 cm. Als mittelgroßes Kaninchen ist das Wiener sehr muskulös, aber kompakt mit einer breiten Brust. Der große Kopf sitzt auf einem kurzen, fast unsichtbaren Hals. Die leicht geschwungene Rückenlinie endet in einer rundlichen Hinterpartie.

Nutzung

Das Wiener ist ein Pelzkaninchen erster Güte. In der Vergangenheit waren die Felle bei den Pelzhändlern außerordentlich beliebt, vor allen Dingen die Felle des Weißen Wieners, weil sie leicht zu färben waren. Heutzutage – da der Pelzhandel nicht mehr rentabel ist – gehören sie zu den großartigen Ausstellungskaninchen.

Verwandte Rassen

Früher wurden die Wiener Kaninchen in Großbritannien als verschiedene Rassen behandelt, heute als eine Rasse mit verschiedenen Farben. Für das ungeschulte Auge ähneln Wiener den van Beveren, aber die beiden Rassen sind nicht miteinander verwandt.

Gewicht

Durchschnittsgewicht eines ausgewachsenen Tieres
4,5 kg

Herkunft und Verbreitung

Blaue Wiener entstanden 1895 in Österreich und wurden mit Grauen Wienern gekreuzt – so entstand das blauwildfarbene Blaugraue Wiener. Es ist ein beliebtes Ausstellungskaninchen in ganz Europa.

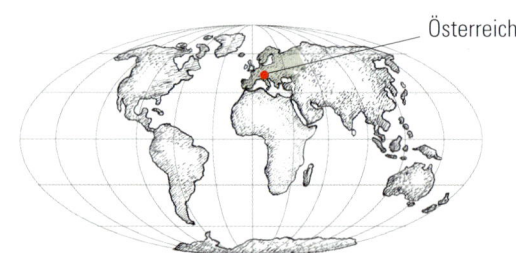

Österreich

BELGISCHE RIESEN

RAMMLER

Riesenkaninchen, die in Größe und Farbe variieren, gibt es überall in der Kaninchenwelt; beispielsweise gab es Italienische Riesen schon 1555. Die BELGISCHEN RIESEN waren Ende des 19. Jahrhunderts in Belgien so beliebt, dass sich Zuchtverbände mit Namen wie „Der Furchtlose" und „Die Sonntagsbrüder" gründeten. Diese Verbände hatten sogar ihre eigenen Kneipen, in denen sich Züchter trafen und Fragen rund um die Belgischen Riesen erörterten.

Merkmale

Der Körper der (englischen) Belgischen Riesen ist groß und flach mit breiter Vorder- und Hinterpartie, kräftigem Kopf und starkem Knochenbau. Das Fell ist dicht und kurz. Nach dem Ersten Weltkrieg begannen französische Züchter, stromlinienförmigere Belgische Riesen zu züchten. Heutzutage wird eine eher zylindrische Körperform angestrebt. In den USA sind acht Farbschläge anerkannt, in Großbritannien nur eine: dunkles Eisengrau (s. Abb.).

Nutzung

Dort, wo Fleischrassen als eigene Gruppe auf Ausstellungen gezeigt werden, werden die Belgischen Riesen auf ihre ausgezeichneten Fleischeigenschaften hin gezüchtet, ansonsten nur für Ausstellungen.

Verwandte Rassen

Alle Belgischen Riesen weltweit haben einen gemeinsamen Vorfahren: den in Gent gezüchteten Flämischen Riesen. Die Briten haben einen kleineren Riesen daraus entwickelt.

Gewicht

Durchschnittsgewicht eines ausgewachsenen Tieres
5,4 kg

Herkunft und Verbreitung

Flämische Riesen wurden zu Beginn des 20. Jahrhunderts in der Region Gent in der Provinz Flandern (Belgien) gezüchtet. Heutzutage gibt es verschiedene Größen und Farben der Riesen in ganz Europa und den USA.

Belgien

HASENKANINCHEN

RAMMLER

Obwohl sie nach den Wildhasen, denen sie auch ähneln, benannt sind, gehören die HASENKANINCHEN zu den Kaninchen. Anders als die nackten und blinden Jungen der in Höhlen unter der Erde lebenden Kaninchen leben die echten Hasen über der Erde und werfen behaarte Junge mit offenen Augen.

Merkmale

Die Hasenkaninchen sind elegant und hasenähnlich. Sie haben eine gewölbte Rückenlinie und lange, gerade, feine Vorderläufe. Ihr Kopf ist schmal und länglich mit leicht zurückgesetzten Ohren von etwa 13 cm Länge. Seit 2000 haben Züchter weiße, rotäugige und lohfarbig-schwarze Farbschläge entwickelt, die die originalen rotbraunen Tiere ergänzen.

Nutzung

Als die aus Belgien stammenden Hasenkaninchen 1874 erstmals nach Großbritannien importiert wurden, waren sie Nutzungskaninchen. Ihr kurzes Fell mit der etwas steifen Struktur war bald äußerst begehrt, und aufgrund ihres Gewichts waren sie erstklassige Fleischkaninchen. Obwohl sie zahlenmäßig nicht häufig sind, zeigten sie sich in Ausstellungen manchmal recht erfolgreich.

Verwandte Rassen

Hasenkaninchen sehen manchmal aus wie große Hermelinkaninchen, sind aber nicht mit ihnen verwandt. Tatsächlich gibt es keine lebenden Verwandten der Hasenkaninchen.

Gewicht

Durchschnittsgewicht eines ausgewachsenen Tieres
3,9 kg

Herkunft und Verbreitung

Hasenkaninchen stammen aus dem flämischen Teil Belgiens und wurden Ende des 19. Jahrhunderts in Europa und den USA extrem populär. Heutzutage sind sie in ganz Europa, den USA und Australien beliebt, ohne zahlenmäßig sehr häufig zu sein.

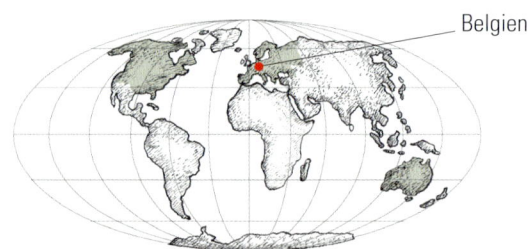

Belgien

WEISSGRANNEN

RAMMLER

Bei dem Versuch, die Farbe der Chinchilla-kaninchen zu verbessern, wurden einige schwarze Mutanten geboren, deren Nachkommen reinerbig waren. So entstanden WEISSGRANNEN, in manchen Ländern auch als Silberfuchskaninchen bekannt.

Die originalen schwarzen Weißgrannen (hier abgebildet) haben in Deutschland inzwischen Gesellschaft von blauen und havannafarbigen Tieren bekommen.

Merkmale

Weißgrannen sind mittelgroße, etwas gedrungene Kaninchen mit einer leicht gewölbten Rückenlinie und einem breiten Kopf auf einem kurzen Hals mit aufrecht stehenden, behaarten Ohren. Das Fell, das etwa 3,2 cm lang ist, ist dicht und seidig. Brust, Flanken und Füße zeigen ein Band weißer Grannenhaare.

Nutzung

Weißgrannen wurden ursprünglich als Pelz- und Fleischkaninchen gezüchtet, mit einem Fell, das den erlesenen Pelz des kanadischen Silberfuchses imitieren sollte. Durch den Niedergang der Kaninchenpelz- und -fleischindustrie bedingt haben sich die Züchter auf das Fell konzentriert und ein herrliches Ausstellungskaninchen geschaffen.

Verwandte Rassen

Weißgrannen stammen von Chinchilla- und Schwarzlohkaninchen ab. Sie haben ihre Zeichnung an Farbenzwerge, Hermeline und Rexe sowie Klein- und Zwergwidder weitergegeben.

Gewicht

Durchschnittsgewicht eines ausgewachsenen Tieres 2,9 kg

Herkunft und Verbreitung

Schwarze Weißgrannen wurden erstmals in den frühen 1920er Jahren in Großbritannien gezüchtet, die blauen folgten in den späten 1920er Jahren, die braunen noch später. Weißgrannen sind heutzutage dank ihres Fells beliebte Ausstellungskaninchen auf beiden Seiten des Atlantiks.

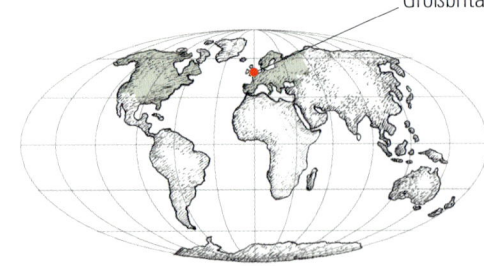

Großbritannien

DEUTSCHE WIDDER
RAMMLER

Deutsche Widder wurden gezüchtet, um die Lücke zwischen den gewaltigen Französischen Widdern und den viel kleineren Niederländischen Widdern (die sich in Großbritannien später zu den Kleinwiddern entwickelten) zu schließen. Deutsche Widder kamen nach Großbritannien, als eine niederländische Züchterin nach England zog und einige Tiere mitbrachte. Ihre ruhige Natur machte sie bald zu einer der beliebtesten Widderarten.

Merkmale

Deutsche Widder sind gedrungene, gewaltige und muskulöse Tiere. Die Rückenlinie steigt von einem kurzen Hals bis zur muskulösen Hinterpartie leicht an. Der Kopf ist gut entwickelt. Heutzutage werden Widder in quasi allen Farben gezüchtet, am beliebtesten ist wildfarben (hier abgebildet).

Nutzung

Deutsche Widder wurden als Ausstellungskaninchen gezüchtet – eine Rolle, die sie mit beträchtlichem Erfolg eingenommen haben. So haben sie schon auf vielen Ausstellungen Siege errungen und eine Menge leidenschaftlicher Züchter widmet sich ihrer Zucht.

Verwandte Rassen

Deutsche Züchter nutzten Französische Widder (groß) und NiederländischeWidder (klein), aber auch Englische Widder, um mittelgroße Deutsche Widder zu entwickeln.

Gewicht

Durchschnittsgewicht eines ausgewachsenen Tieres
3,4 kg

Herkunft und Verbreitung

Die Deutschen Widder wurden in den 1960er Jahren in Deutschland entwickelt, nach Großbritannien kamen sie in den frühen 1980er Jahren. In den USA haben Deutsche Widder keinen Platz gefunden, aber in Europa und Australien sind sie weit verbreitet.

Deutschland

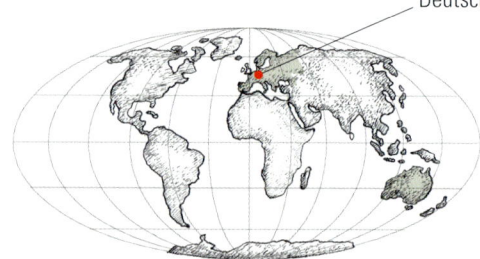

SATIN-ELFENBEIN
RAMMLER

Eine Mutation, die erstmals bei den schokoladenbraunen Havannakaninchen auftauchte, wurde als rezessiver „Satinfaktor" identifiziert: ein seidenartiger Glanz der Haare. Das SATINKANINCHEN ist heutzutage in verschiedensten Farben und Mustern anerkannt. Sowohl in den USA als auch in ganz Europa haben Züchter den Satinfaktor in nahezu alle Rassen gekreuzt, nur in Großbritannien ist dieses Vorgehen nicht weit verbreitet.

Merkmale

Das Satinkaninchen hat einen mittellangen Körper mit einem leicht gewölbten Rücken und wirkt etwas gedrungen. Sein breiter, mittelgroßer Kopf ruht auf einem kurzen Hals. Das Fell – 2,5 bis 3,2 cm lang – hat eine erlesene Satinstruktur und einen intensiven Glanz.

Nutzung

Das Satinkaninchen wurde als Nutztier entwickelt, da es nicht nur ausgezeichnetes Fleisch lieferte, sondern auch ein Fell, das bei den Pelzhändlern sehr begehrt war. Außerdem war es von Anfang an ein gutes Ausstellungskaninchen. Heutzutage wird es nicht mehr als Fleisch- oder Fellrasse gehalten, sondern hat seinen Platz in der Showarena und in Zuchtställen gefunden, wo es seinen Satinglanz an andere Rassen weitergibt.

Verwandte Rassen

Das rezessive Satin-Gen wurde verwendet, um den Glanz in das Fell vieler anderer Rassen zu übertragen, darunter Zwergwidder, Rexe, Farbenzwerge und Hermelinkaninchen. Die Amerikaner haben inzwischen ein Zwerg-Satinkaninchen entwickelt.

Gewicht

Durchschnittsgewicht eines ausgewachsenen Tieres
3,2 kg

Herkunft und Verbreitung

Das Satinkaninchen wurde in den 1930er Jahren in den USA entdeckt. Derzeit ist es in ganz Europa, Großbritannien und Australasien verbreitet, aber in seinem Heimatland ist es nach wie vor am beliebtesten.

USA

GELB-REXE
HÄSIN

Die Mutation, durch die die Haare kürzer sind als bei Normalhaarrassen, wurde erstmals in Frankreich entdeckt, aber mangelnde Kenntnisse in der Genetik verhinderten eine weitere Entwicklung. Diese Eigenart des Fells gibt allen REX-Kaninchen den außerordentlich dichten und samtartigen Charakter.

Merkmale

Der Rücken der Gelb-Rexe (hier abgebildet) ist von einem satten Gelb (bzw. Orange oder Gold), das an den Seiten allmählich in einen weißen Bauch übergeht. Das mittelgroße Rex hat einen breiten Kopf mit aufrecht stehenden Ohren. Der Körper ist leicht gestreckt, dabei vorne und hinten gleich breit. Das sehr dichte Fell ist etwa 1,3 cm lang und muss überall gleich lang sein.

Nutzung

Das dichte, glatte Fell des Standard-Rex machte es zu einer klassischen Zweinutzungsrasse (Fleisch/Fell) in den harten 1920er und 1930er Jahren. Heutzutage wird es nur noch als Ausstellungskaninchen gezüchtet und steht regelmäßig weit oben in den Siegerlisten.

Verwandte Rassen

In Großbritannien gelten alle Standard-Rexe als unterschiedliche Farbschläge einer Rasse, Zwergrexe sind nur kleine Varianten. Das Gelb-Rex ist ein lohfarbenes Kaninchen, das aus Paarungen mit Schwarzlohkaninchen entstand.

Gewicht

Durchschnittsgewicht eines ausgewachsenen Tieres
3,2 kg

Herkunft und Verbreitung

Von den bescheidenen Anfängen 1919 auf einem Bauernhof in Frankreich haben sich Rex-Kaninchen zu überaus erfolgreichen Ausstellungstieren gemausert, die in ganz Europa, Australasien, dem Fernen Osten und den USA beliebt sind.

Frankreich

WEISSE NEUSEELÄNDER

RAMMLER

Anders als der Name es vermuten lässt, ist das WEISSE NEUSEELÄNDER eine wahrhaft amerikanische Rasse – die Rasse, auf der die riesige kommerzielle Kaninchenindustrie in Amerika gründete. Die Tiere sind äußerst frohwüchsig: Im Alter von acht Wochen können Junge bereits 1,8 kg auf die Waage bringen. Weiße Neuseeländer werden weltweit zur Fleischerzeugung gehalten.

Merkmale

Weiße Neuseeländer haben einen mittellangen Körper mit einem gut gerundeten Hinterteil. Ihre Vorderläufe sind kurz, gerade und dick. Der breite und rundliche Kopf ruht auf einem kurzen Hals. Ihr Fell ist sehr dicht. Das Fleisch sollte fest und gut über den ganzen Körper verteilt sein.

Nutzung

Mitte des 20. Jahrhunderts waren Weiße Neuseeländer aufgrund ihres Fleisches und ihres reinweißen Fells weltweit die gängigste Kaninchenrasse. Sie verlor nach der Myxomatose-Epidemie in den 1950er Jahren und dem darauf folgenden Rückgang der Kaninchenfleischindustrie an Beliebtheit, wird aber nach wie vor als Ausstellungskaninchen gezüchtet.

Verwandte Rassen

Weiße Neuseeländer wurden in den USA aus Belgischen Riesen, Angorakaninchen und Amerikanischen Weißen Riesen gezüchtet. Das seltene Schwarze Neuseeländer ist das Produkt einer Kreuzung zwischen Weißen und Roten Neuseeländern (die tatsächlich völlig unterschiedliche Rassen sind).

Gewicht

Durchschnittsgewicht eines ausgewachsenen Tieres
4,9 kg

Herkunft und Verbreitung

Obwohl es in Großbritannien und ganz Europa nach wie vor als Ausstellungskaninchen gezüchtet wird, ist die natürliche Heimat der Weißen Neuseeländer die USA, wo noch stets eine – wenngleich deutlich geschwächte – Kaninchenfleischindustrie existiert.

USA

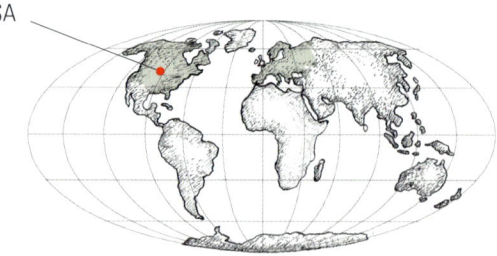

BRITISCHE RIESEN

RAMMLER

Das größte in Großbritannien gezüchtete Kaninchen, der BRITISCHE RIESE, kann bis zu 9 kg wiegen. Oft wird behauptet, Britische Riesen seien in dem bekannten britischen Kinderfernsehenprogramm Teletubbies eingesetzt worden, aber das stimmt nicht. Tatsächlich wurden dafür ähnlich aussehende Kreuzungen zwischen Blanc de Bouscat und Grauen Wienern verwendet.

Merkmale

Britische Riesen haben einen großen, langen, breiten Körper mit einem Kopf, der als breit, groß, voll und kräftig beschrieben wird. Ihr Fell ist voll und dicht, zwischen 2 und 2,8 cm lang und weder zu rau noch zu weich. Man findet sie in sechs Farbschlägen: weiß mit blauen oder roten Augen, schwarz, eisengrau, blau, braungrau oder blauwildfarbig (hier abgebildet). In der Ausstellungsszene sind die eisengrauen Tiere am häufigsten anzutreffen.

Nutzung

Obwohl sie ursprünglich als Fleischrasse gezüchtet wurden, ist es unwahrscheinlich, dass Britische Riesen jemals den zufriedenstellenden Kosten-Nutzen-Faktor der kleineren Fleischrassen wie Weiße Neuseeländer erreichten. Daher waren sie nie sonderlich beliebt.

Verwandte Rassen

Es ist nicht sicher, wer die Vorfahren der Britischen Riesen sind, aber sie sind sicherlich durch Kreuzungen mit einer oder mehreren kontinentalen Riesenkaninchen entstanden.

Gewicht

Durchschnittsgewicht eines ausgewachsenen Tieres
6,8 kg

Herkunft und Verbreitung

Vielleicht weil es weltweit so viele andere Riesenkaninchen-Rassen gibt, sind Britische Riesen genau das geblieben: eine rein britische Rasse, die nur in Großbritannien gehalten wird. Es ist eher eine Minderheitenrasse bei den britischen Züchtern.

Großbritannien

THRIANTA
RAMMLER

Manchmal wird behauptet, der rötlich-goldene, quasi ins Orange reichende Farbton der THRIANTA-Kaninchen sei als Anerkennung für die niederländische Königin Wilhelmina aus dem Hause Oranien geschaffen worden. Ironischerweise nutzten die ersten niederländischen Züchter die deutsche Kaninchenrasse Sachsengold in einem Versuch, die Farbe zu perfektionieren.

Merkmale

Das Thrianta hat einen kurzen, etwas gedrungenen Körper mit einer runden Hinterpartie. Die Hauptfarbe des Fells ist ein überaus leuchtendes, rötlich-goldenes Orange, das den ganzen Körper inklusive Bauch, Ohren, Brust, Läufe und Blume bedeckt. Das gelbliche Unterfell ist etwas heller. Das Fell ist dicht, weich und glänzend.

Nutzung

Aus dem Fleisch- und Fellkaninchen, das in den Jahren der Depression in Europa gezüchtet wurde, hat sich das Thrianta zu einem umwerfenden Ausstellungskaninchen entwickelt. Es ist eine permanente Herausforderung für die Züchter, die großartige Fellfarbe noch zu verbessern.

Verwandte Rassen

Das Thrianta ist ein lohfarbenes Kaninchen und daher entfernt mit den Schwarzlohkaninchen verwandt. Sein nächster Verwandter ist allerdings das deutsche Sachsengold.

Gewicht

Durchschnittsgewicht eines ausgewachsenen Tieres
2,4 kg

Herkunft und Verbreitung

Nachdem es in den Niederlanden gezüchtet worden war, hat sich das Thrianta über ganz Europa verbreitet. In Großbritannien wird es als seltene Rasse eingestuft, in den USA ist es erst vor kurzer Zeit vom ARBA als Rasse anerkannt worden.

Niederlande

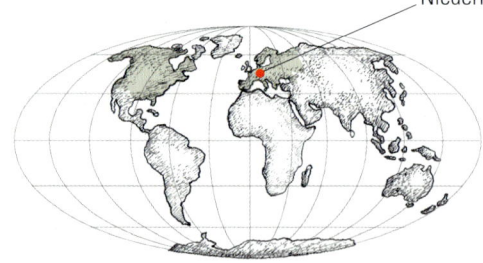

ALASKA
HÄSIN

Das ALASKA hat immer im Schatten des beliebteren schokoladenfarbigen Havanna gelebt. In Großbritannien war es einst als Nubisches Kaninchen bekannt, starb dort aber aus und wurde in den frühen 1970er Jahren aus Belgien reimportiert. In den USA wurde es Mitte der 1970er Jahre durch den ARBA anerkannt, aber 1981 nach der Anerkennung des Havanna wieder fallen gelassen.

Merkmale

Das Alaska ist ein mittelgroßes Kaninchen mit einem gedrungenen, etwas pummeligen, rundlichen Körper. Es hat eine gut entwickelte Brust und breite Schultern; der Rücken geht in eine muskulöse und rundliche Hinterpartie über. Sein Fell ist dicht, seidig und glänzend, in einem intensiven und glänzenden Schwarz, das nur am Bauch etwas matt wirkt.

Nutzung

Das Alaskakaninchen verdankt seinen Namen und seine Fellfarbe dem wilden Alaskafuchs und wurde anfangs als Alternative für die Pelzhändler gezüchtet. Durch den Niedergang der Pelzindustrie fiel auch dieses Kaninchen etwas in Ungnade, findet aber als Ausstellungskaninchen aufgrund seines dichten und glänzenden Fells bei den Preisrichtern immer noch Anklang.

Verwandte Rassen

Aus Kreuzungen zwischen Russen-, Silber- und Holländerkaninchen entstand das Alaska. Seine intensive schwarze Farbe hat bei der Züchtung der Schwarz-Rexe eine Rolle gespielt.

Gewicht

Durchschnittsgewicht eines ausgewachsenen Tieres
3,6 kg

Herkunft und Verbreitung

Ursprünglich wurde das gänzlich schwarze Alaska in Deutschland als ein „silbern-schwarzes" Kaninchen gezüchtet und 1907 erstmals in Europa ausgestellt. Seitdem ist es in den meisten Teilen der Welt gezüchtet worden, heute aber eine Minderheit in der Ausstellungsszene in Europa.

Deutschland

WEISSE HOTOT

RAMMLER

Das WEISSE HOTOT ist ein eher ungewöhnlich aussehendes Kaninchen mit seinem schneeweißen Fell und den schwarzen, brillenähnlichen Augenringen. Nachdem Jahre in leidenschaftlicher Hingabe mit der Züchtung dieser Rasse verbracht worden waren, starb sie aufgrund der Wirren des Zweiten Weltkriegs und der anschließenden Teilung Deutschlands fast aus. Einige engagierte Züchter retteten das Hotot und sind für sein Überleben verantwortlich.

Merkmale

Aufgrund seiner guten Muskulatur wirkt das Weiße Hotot kompakter, als es eigentlich ist. Der Kopf der Rammler ist breit und kräftig, der der Häsinnen feiner und länger. Die unverwechselbaren Augenringe sind 3 bis 5 cm breit und bilden einen kompletten Ring um jedes Auge.

Nutzung

In erster Linie war das Weiße Hotot ein Fleischkaninchen, aber mit seinem dichten, weißen und glänzenden Fell war es auch bei Pelzhändlern begehrt. Heutzutage ist es ein reines Ausstellungskaninchen.

Verwandte Rassen

Das Weiße Hotot entstand aus Englischen Schecken (die Scheckung wurde – außer bei den Augenringen – selektiv entfernt) und Holländerkaninchen. Sein Muster wird bei anderen Rassen verwendet, beispielsweise bei den Farbenzwergen.

Gewicht

Durchschnittsgewicht eines ausgewachsenen Tieres
4,1 kg

Herkunft und Verbreitung

Das Weiße Hotot wurde zu Beginn des 20. Jahrhunderts in der Gegend um Hotot-en-Auge in Nordfrankreich gezüchtet. Auch wenn es in Europa und den USA verbreitet ist, wird es als seltene Rasse eingestuft.

Frankreich

HOLLÄNDER

RAMMLER

Das kompakte kleine HOLLÄNDERKANIN-CHEN ist die große Freude der Ausstellungszüchter. Die Züchtung der klaren Zeichnung ist nicht ganz einfach und die Rassestandards legen genau fest, wie sie aussehen soll, sodass genaue Kenntnisse und viel Erfahrung nötig sind, um einen Ausstellungssieger zu züchten.

Merkmale

Holländer sind gedrungen, haben einen kurzen Kopf und zur Körperlänge passende Ohren. Die farbige Zeichnung bedeckt die hintere Hälfte des Rumpfes, darüber hinaus die Ohren, das Genick und die Backen. Die Anzahl der zugelassenen Farbschläge variiert in den verschiedenen Ländern, darunter sind Schwarz-Weiß, Blau-Weiß, Grau-Weiß und Thüringerfarbig-Weiß (hier abgebildet).

Nutzung

Holländer wurden aus belgischen Fleischrassen gezüchtet und waren viele Jahre lang eine Zweinutzungsrasse (Fleisch/Ausstellung). Seit dem Ausbruch der Myxomatose in den 1950er Jahren und dem Niedergang der Fleischindustrie werden sie als reine Ausstellungsrasse gezüchtet.

Verwandte Rassen

Holländer wurden aus Brabanter Kaninchen gezüchtet und haben keine lebenden Verwandten mehr.

Gewicht

Durchschnittsgewicht eines ausgewachsenen Tieres
2,2 kg

Herkunft und Verbreitung

Im späten 19. Jahrhundert fanden englische Züchter in einer Sendung von Kaninchen, die aus dem belgischen Oostende nach London importiert worden waren, ein Exemplar mit weißer Zeichnung. Sie entschieden sich, solche Kaninchen als Ausstellungstiere zu züchten. Heutzutage sind sie in ganz Europa, den USA und im Fernen Osten verbreitet.

Belgien

LÖWENKOPFKANINCHEN
HÄSIN

Die Löwenkopfkaninchen haben ihren Namen von der langen Mähne, die am und um den Kopf wächst. In Großbritannien sind sie als Rasse seit kurzer Zeit anerkannt, in Deutschland und den USA (noch) nicht, da verbindliche Rassemerkmale und Farbschläge noch fehlen. Dennoch haben sie die Ausstellungswelt auf beiden Seiten des Atlantiks im Sturm erobert.

Merkmale

Der kurze, gedrungene Körper der Löwenkopfkaninchen trägt einen kräftigen Kopf. Die Vorderläufe sollten lang genug sein, dass man die Mähne und die lang behaarte Brust in entsprechender Stellung gut sehen kann. Die Mähne ist 5–7 cm lang und bildet im Genick ein V. Löwenkopfkaninchen werden in Großbritannien in allen Farben und Zeichnungen gezüchtet, hier abgebildet ist Weiß Rotauge.

Nutzung

Das Löwenkopfkaninchen wurde vom BRC 2002 als Rasse anerkannt, in Deutschland ist auf absehbare Zeit nicht damit zu rechnen. Es ist ein reines Ausstellungskaninchen.

Verwandte Rassen

Manche sagen, Löwenkopfkaninchen seien aus einer Kreuzung zwischen Schweizer Fuchskaninchen und Belgischen Zwergkaninchen entstanden; andere, aus einer Kreuzung zwischen Angorakaninchen und Farbenzwergen. Heutzutage werden Farbenzwerge eingesetzt, um neue Farbschläge zu züchten.

Gewicht

Durchschnittsgewicht eines ausgewachsenen Tieres
1,6 kg

Herkunft und Verbreitung

Löwenkopfkaninchen wurden in den 1990er Jahren in Großbritannien gezüchtet und sind heute in Europa, den USA, Australien und dem Fernen Osten zu finden. Sie sind derzeit so begehrt, dass das Angebot die Nachfrage nicht deckt.

Großbritannien

RUSSEN

HÄSIN

Das Russenkaninchen gehört zu den alten Kaninchenrassen und stammt wahrscheinlich aus dem nördlichen Indien und China. Demzufolge heißt es im englischen Sprachraum auch Himalaja-Kaninchen. Es kam Anfang des 19. Jahrhunderts von Asien nach Europa und gelangte über diesen Weg auch in die USA.

Merkmale

Die Originalfarbe der Russenkaninchen ist Schwarz-Weiß (hier abgebildet), heute werden sie beispielsweise auch in Blau-Weiß zugelassen. Sie haben ein dichtes, reinweißes Fell sowie farbige Ohren, Schnauzpartie, Läufe und Blume. Russenkaninchen haben immer hellrote Augen.

Nutzung

Bis zum Niedergang des Kaninchenpelzhandels war das Fell der Russenkaninchen bei Pelzhändlern außerordentlich beliebt, sodass es manchmal „Pseudohermelin" genannt wurde. Heutzutage werden sie nur zu Ausstellungszwecken gezüchtet.

Verwandte Rassen

Russenkaninchen haben keine lebenden Verwandten mehr. Allerdings werden sie häufig in der Kreuzungszucht eingesetzt, um „farbige" Varianten zu züchten.

Gewicht

Durchschnittsgewicht eines ausgewachsenen Tieres
2,1 kg

Herkunft und Verbreitung

Ursprünglich stammen die Russenkaninchen aus der Region um Tibet im Himalaja. Heutzutage findet man sie in den USA, in Europa und Australasien, wobei auf beiden Seiten des Atlantiks gleichzeitig weitere Farbschläge entwickelt werden.

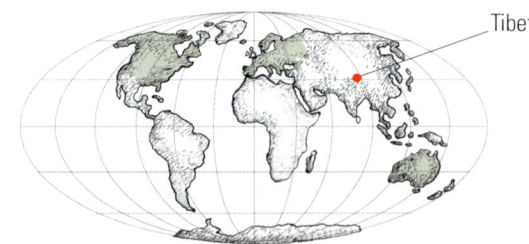

Tibet

ENGLISCHE SCHECKEN

HÄSIN

Als eine der ältesten Ausstellungsrassen wurden Englische Schecken durch selektive Zucht im 19. Jahrhundert gezüchtet. Um die entscheidende Zeichnung, die diese Rasse definiert, begutachten zu können, beurteilen Preisrichter Englische Schecken in Europa in Liegestellung.

Merkmale

Englische Schecken sind in Großbritannien durch den BRC in fünf Farben zugelassen, darunter in Havanna (hier abgebildet), in Deutschland in vier, in den USA in sieben Farben. Bemerkenswert ist die Punktscheckung der Tiere, sie umfasst den „Schmetterling" (um die Schnauze), die Augenringe, die Backenpunkte, die Ohren, den Aalstrich, die Ketten und die Seitenflecken. Der Körper der Englischen Schecken ist wohlproportioniert und nicht gedrungen.

Nutzung

Englische Schecken werden als Ausstellungskaninchen gezüchtet, aber in jedem Wurf hat nur die Hälfte des Nachwuchses die korrekte Zeichnung, ein Viertel ist einfarbig ohne Scheckung und ein weiteres Viertel (die sogenannten Weißlinge) ist überwiegend weiß mit unvollständiger Zeichnung. Diese Tiere werden häufig als Haustiere abgegeben.

Verwandte Rassen

Englische Schecken wurden mehrfach in der Züchtung von Farbvarianten bei Russenkaninchen eingesetzt. Sie sind mit Riesen- und Rheinischen Schecken verwandt.

Gewicht

Durchschnittsgewicht eines ausgewachsenen Tieres
3,2 kg

Herkunft und Verbreitung

In der Literatur werden Englische Schecken schon 1850 erwähnt. Sie wurden in England als „Schmetterlingskaninchen" gezüchtet. Heutzutage findet man sie in den USA, dem Fernen Osten, in Japan, in Europa und Australasien.

England

MECKLENBURGER SCHECKE
RAMMLER

Als relativ junge Rasse sind die MECKLEN-BURGER SCHECKEN beispielsweise in Großbritannien vom BRC noch nicht zugelassen. Ungewöhnlicherweise ist es nicht ein farbiges Kaninchen mit weißer Zeichnung, sondern ein weißes Kaninchen mit farbiger Zeichnung, zugelassen in den Farben Schwarz-Weiß, Blau-Weiß und Rot-Weiß (hier abgebildet). Man findet heute auch Tiere in Thüringerfarbig-Weiß und Grau-Weiß.

Merkmale

Mecklenburger Schecken haben einen walzenförmigen, gedrungenen Körper mit breiter Vorder- und Hinterpartie. Das Fell ist mittellang mit dichtem Unterfell. Sie haben eine Mantelscheckenzeichnung mit unregelmäßigem Übergangsbereich, wobei Bauch, Brust und Läufe weiß sind.

Nutzung

Ursprünglich als genetisches Experiment angelegt (die Zeichnung wird nicht reinerbig weitergegeben) sind Mecklenburger Schecken heute eine beliebte Ausstellungsrasse in ganz Europa. Aufgrund der genetischen Veranlagung gibt es viele einfarbige Tiere und solche mit unvollständiger Zeichnung, die als Haustiere abgegeben werden.

Verwandte Rassen

Mecklenburger Schecken wurden ursprünglich aus Riesenschecken und Blauen Wienern gezüchtet, sind aber anschließend mit Alaskakaninchen, Roten Neuseeländern und Thüringern gekreuzt worden, um neue Farben zu schaffen.

Gewicht

Durchschnittsgewicht eines ausgewachsenen Tieres
4,9 kg

Herkunft und Verbreitung

Die Mecklenburger Schecken wurden in den 1970er und 80er Jahren in Mecklenburg gezüchtet und sind seitdem in vielen Ländern Europas zugelassen worden. Erst vor kurzer Zeit erreichten die ersten Tiere Großbritannien.

Deutschland

CHINCHILLA
RAMMLER

Das CHINCHILLA stammt von einem Wurf wilder Kaninchen ab, in dem ein Junges mit einem silbrigen Glanz statt des üblichen rotwildfarbigen Schimmers geboren wurde. Die Rasse bekam ihren Namen aufgrund ihrer Ähnlichkeit mit den südamerikanischen Nagetieren, aber es war eher das ausgezeichnete Fleisch als das Fell, das sie zu einer populären Rasse gemacht hat.

Merkmale

Heutzutage werden Chinchillakaninchen in Europa in zwei Größen (Groß- und Kleinchinchillas) gezüchtet. Sie haben ein überaus weiches, feines, dichtes Fell, bei dem die Schattierung von höchster Bedeutung ist. Charakteristisch ist die bläulich schimmernde, aschgraue Deckfarbe, die durch weiß-schwarze Deckhaare verursacht wird, über die schwarze Grannenhaare hinausragen. Das Chinchilla ist ein gedrungenes, etwas plumpes Kaninchen.

Nutzung

Zu Anfang eroberte das Chinchilla den Pelzhandel im Sturm. Später wurde es in verschiedenen Größen gezüchtet, um den Fleisch- und Pelzmarkt zu befriedigen. Heute ist es ein reines Ausstellungskaninchen.

Verwandte Rassen

Farbe und Muster des beliebten Chinchillafells sind inzwischen in quasi alle Ausstellungsrassen gezüchtet worden – von den Marder- und Siamesenkaninchen bis zu den Sallanderkaninchen.

Gewicht

Durchschnittsgewicht eines ausgewachsenen Tieres
3,2 kg

Herkunft und Verbreitung

Ursprünglich wurde das Chinchilla zu Beginn des 20. Jahrhunderts in Frankreich gezüchtet, verbreitete sich aber schnell über die ganze Welt. Das Amerikanische und das Riesen-Chinchilla gelten heute als gefährdete Rassen, aber in Europa, Australien und den USA sind Chinchillakaninchen nach wie vor zu finden.

Frankreich

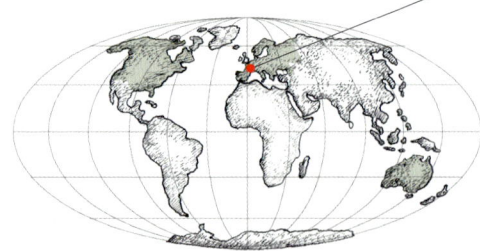

ZWERGWIDDER

RAMMLER

Die kleinen ZWERGWIDDER sind in der Haustier- und Ausstellungsszene sehr schnell außerordentlich populär geworden. Vielleicht liegt ihr Reiz auch darin, dass sie eher zutraulich und so „unglaublich niedlich" sind. Da die Rasse noch relativ neu ist, ergibt sich für die Züchter manch Herausforderung, beispielsweise Farben und Zeichnungen auf die Rasse zu übertragen.

Merkmale

Zwergwidder haben kurze, breite und muskulöse Körper sowie dicke, kurze und gerade Vorderläufe. Ihr Fell ist dicht, in der Struktur fein und von guter Länge mit vielen Grannenhaaren. Der Farbschlag Weiß Rotauge (hier abgebildet) ist nur eine von vielen zugelassenen Farben und Mustern, in denen Zwergwidder heutzutage gezüchtet werden.

Nutzung

Zwergwidder sind Ausstellungs- und Haustiere. Für die Ausstellungen müssen die Kaninchen den entsprechenden national geforderten Rassestandards entsprechen; als Haustiere können sie in allen Variationen vorkommen.

Verwandte Rassen

Niederländische und Englische Widderzwerge wurden in den frühen 1990er Jahren eingesetzt, um die heutigen Zwergwidder zu schaffen. Sie sind mit allen Mitgliedern der Widderfamilie verwandt und haben ihre Gene an Löwenkopf- und Kaschmirwidder weitergegeben.

Gewicht

Durchschnittsgewicht eines ausgewachsenen Tieres
1,5 kg

Herkunft und Verbreitung

Die Vorgänger der Zwergwidder wurden in den Niederlanden und in Großbritannien in den frühen 1990er Jahren gezüchtet. Heutzutage gehören sie zu den beliebtesten Rassen in den USA, in Europa, dem Fernen Osten und Australasien.

Niederlande

JAPANER
HÄSIN

In Deutschland sind diese Kaninchen als JAPANER bekannt, im englischsprachigen Raum heißen sie im schwarz gelben Farbschlag Harlequin, eine schwarz-weiße Variante ist als Magpie (Elster) bekannt. Japaner sind für alle Züchter eine große Herausforderung, da diese versuchen, Exemplare mit einer klaren Farbverteilung zu züchten.

Merkmale

Japaner sind in Deutschland nur im schwarz-gelben Farbschlag zugelassen, in Großbritannien blau-gelb, braun-gelb und fehfarbig-gelb. Sie haben einen muskulösen Körper mit einer leicht gewölbten Rückenlinie. Ihr Kopf ist länglich, die Ohren sind 10,2–12,7 cm lang. Ihr Fell ist dicht, seidig und etwa 2,5 cm lang. Allerdings sind es die Farbfelder, die diese Rasse von allen anderen unterscheiden.

Nutzung

Japaner sind immer schon zu Ausstellungszwecken gezüchtet worden. Sie sind eine relativ junge Rasse, die häufig von Enthusiasten gezüchtet wird, die eine Herausforderung suchen, aber nicht unbedingt gewinnen wollen. Dementsprechend ist die Rasse nicht übermäßig weit verbreitet.

Verwandte Rassen

Eventuell stammt das Japanerkaninchen von Dreifarbigen Holländerkaninchen ab, aber es gibt keine lebenden verwandten Rassen.

Gewicht

Durchschnittsgewicht eines ausgewachsenen Tieres
3,2 kg

Herkunft und Verbreitung

Japaner stammen ursprünglich aus Frankreich, wo die Rasse im 19. Jahrhundert selektiv für Ausstellungen gezüchtet wurde. Woher sie ihren Namen haben, ist nicht bekannt. Sie sind nicht weit verbreitet, haben aber besonders hingebungsvolle Züchter vor allem in den USA, aber auch in ganz Europa, Australasien und dem Fernen Osten.

Frankreich

ENGLISCHE WIDDER

HÄSIN

ENGLISCHE WIDDER sind in ihrem Heimatland als „King of the Fancy" bekannt, was andeutet, dass sie die erste Rasse waren, die ausschließlich für Ausstellungen gezüchtet wurden. Ihre außergewöhnlich langen Ohren werden quer über den Kopf von einer Ohrenspitze zur anderen gemessen. Der Rekord liegt bei fast 80 cm.

Merkmale

Englische Widder haben den typischen mandolinenförmigen Körper und sind in allen reinen Farben zugelassen (auch wildfarbig wie hier abgebildet). Sie haben ein feines, mittellanges, seidiges Fell und einen großen, kräftigen Kopf. Die Ohren sind dick und an den Spitzen gerundet. In Großbritannien konzentrieren sich die Züchter auf die Entwicklung der Ohren, während in Europa die Zucht auf besonders lange Ohren nicht gutgeheißen wird.

Nutzung

Englische Widder sind immer Ausstellungskaninchen gewesen, auch wenn im frühen 19. Jahrhundert das Fleisch von Not leidenden Haltern verwendet wurde, um ihre Familien zu ernähren.

Verwandte Rassen

Englische Widder stammen von lange ausgestorbenen alten Rassen ab und haben ihre Gene an alle gegenwärtigen Widderkaninchen weitergegeben. Andere Rassen, wie van Beveren, haben von ihnen die mandolinenförmigen Körper geerbt.

Gewicht

Durchschnittsgewicht eines ausgewachsenen Tieres
4,5 kg

Herkunft und Verbreitung

In Großbritannien, woher die Englischen Widder ursprünglich stammen, und in Europa sind sie heutzutage eine seltene Rasse. In den USA sind sie weit verbreitet und sehr beliebt.

England

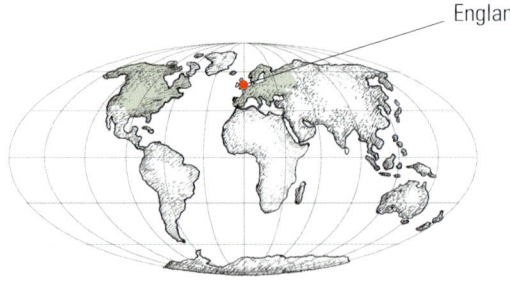

KASCHMIRWIDDER

RAMMLER

Zweifellos haben Zwergwidderzüchter die ersten KASCHMIRWIDDER aussortiert, als sie diese Mutanten in einzelnen Würfen fanden. Man kann heute nicht mehr feststellen, wer begann, sie zu züchten, aber Mitte der 1980er Jahre wurde in Großbritannien der National Cashmere Lop Club formal vom BRC anerkannt. Die Kaninchen wurden erstmals 1986 auf einer Ausstellung gezeigt.

Merkmale

In Großbritannien sind Kaschmirwidder in allen anerkannten Farben und Mustern zugelassen (hier abgebildet ist Weiß Rotauge). Sie haben ein dichtes, gleichmäßiges und seidiges Fell, ungefähr 3,8–5,1 cm lang, das nicht wollig oder verfilzt sein sollte. Das Fell ist das einzige Merkmal, das Kaschmirwidder von Zwergwiddern unterscheidet.

Nutzung

Kaschmirwidder werden einzig und allein zu Ausstellungszwecken gezüchtet. Wenn die Tiere jung sind, ist es manchmal schwierig, das Fell zu pflegen; mit zunehmendem Alter wird es einfacher. Tiere, die nicht zur Zucht gebraucht werden, können als Haustiere verkauft werden.

Verwandte Rassen

Als Mutanten der Kleinwidder sollten Kaschmirwidder nicht mit den Amerikanischen Fuzzy Lop verwechselt werden, die eine Langhaarversion der Britischen Zwergwidder sind.

Gewicht

Durchschnittsgewicht eines ausgewachsenen Tieres 2,2 kg

Herkunft und Verbreitung

Die in Großbritannien gezüchteten Kaschmirwidder haben sich nicht außerhalb ihres Heimatlandes verbreitet. Die komplexe Mischung aus Größen und Gewichten in der Widderfamilie bedeutet, dass es für Kaschmirwidder in anderen Ländern keinen Platz gibt.

Großbritannien

REPORTAGE

Hinter den KULISSEN geht es nicht nur um *Karotten und Kohl* – so gut auszusehen erfordert eine Menge Arbeit: Waschen, Bürsten und Vorbereitungen in letzter Minute zeigen das *glänzende Fell* und die HERRLICHEN OHREN. Aber das zahlt sich aus, wenn die *Preise* vergeben werden.

Bradford Kleintier-
ausstellung,
England

Ich mag diese
Käfige nicht.
Sie berauben mich
meiner
Individualität.

Um Preise zu kämpfen
macht durstig.

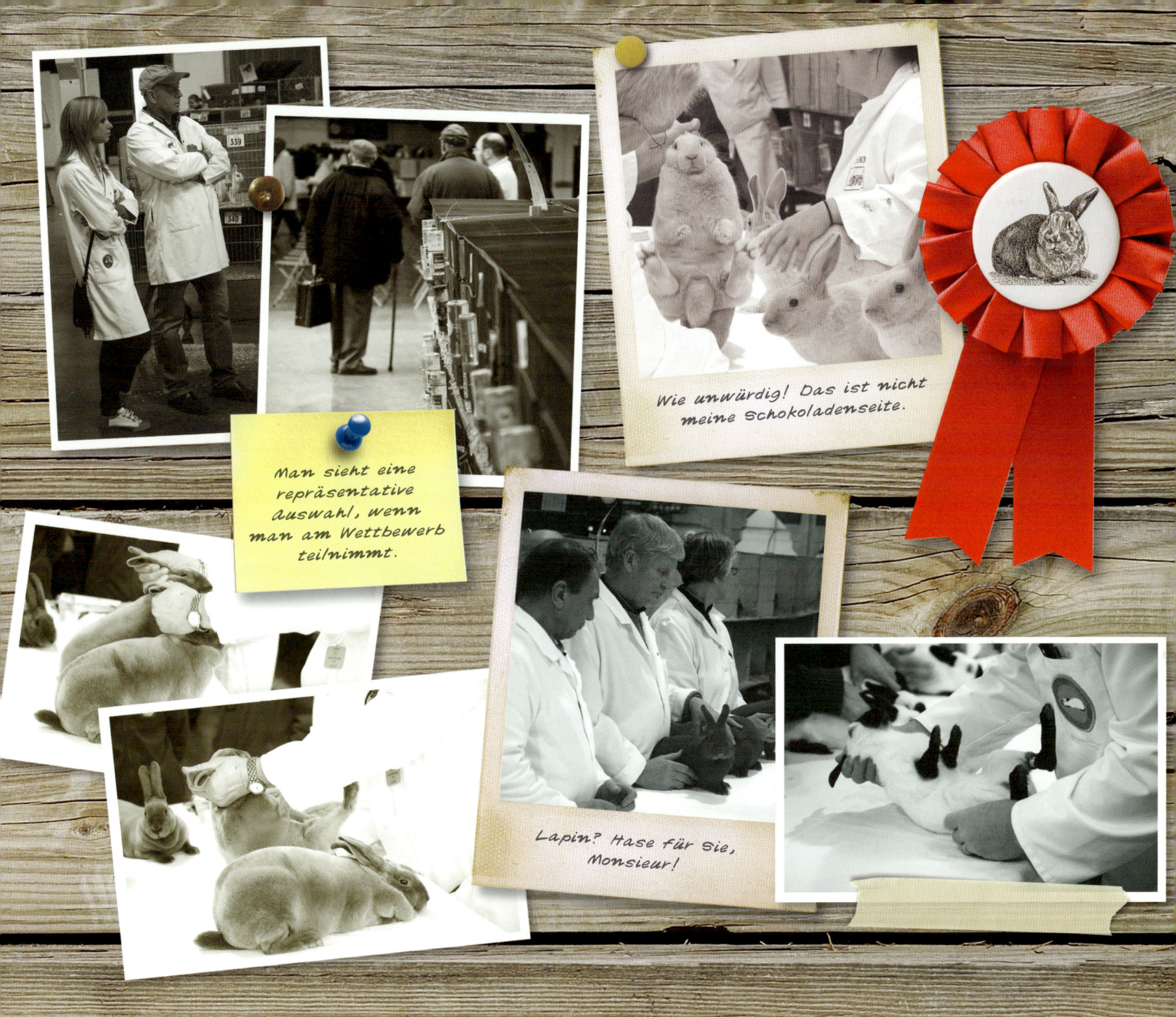

Wie unwürdig! Das ist nicht meine Schokoladenseite.

Man sieht eine repräsentative Auswahl, wenn man am Wettbewerb teilnimmt.

Lapin? Hase für Sie, Monsieur!

Rot und Weiß: eine klassische Farbkombination.

Schwarz hinter Gittern. Zeit für ein Schläfchen.

Genug herumgestoßen. Sie dürfen mich ansehen, aber nicht anfassen!

Ich bin ein Pflanzenfresser, meine Zähne müssen so sein.

Ein langer Tag – für Mensch und Tier.

Man erkennt den selbstbewussten Preisrichter am festen Griff ...

... und die Brille verleiht ihm ebenfalls Autorität.

Augen rechts!
Ich glaube, er ist nervöser als ich.

Ja, mein Hinterteil ist
etwas rundlich ...

Was meinen Sie
damit: Ich sehe so
aus, als ob ich in
den Pandakäfig
gehöre?

Ich habe nicht nur ein
hübsches Gesicht, ich kann
auch gut hoppeln.

Sie geben zu, dass ich kein Panda bin, richtig? Wen bezeichnen Sie dann als Dalmatiner?

Ich wünschte, ich könnte aufhören, darüber nachzudenken. Ich brauche endlich etwas Entspannung.

Mr P.E Hopkins

Am Ende des Tages denke ich manchmal, ich muss geknuddelt werden, damit ich weitermachen kann.

Dem einen ist es Grau, dem anderen Chinchilla.

Wenn Sie mir den großen Pokal gäben, könnte ich damit posieren.

Sehr elegant. Es ist schön, einen Gastgeber zu haben, der sich Mühe gibt.

GLOSSAR

Aalstrich schmaler Strich, der, unmittelbar hinter den Ohren beginnend, wie ein Pinselstrich auf dem Rückgrat entlang bis zur Blumenspitze verläuft

ARBA American Rabbit Breeders' Association – Amerikanischer Kaninchenzüchterverband

Blume – Schwanz des Kaninchens

BRC British Rabbit Council – Britischer Kaninchenzuchtverband

Fremdzucht – Paarung von Tieren, die nicht miteinander verwandt sind

Grannenhaare – die längeren und kräftigeren Haare im Fell. Bei den kurzhaarigen Rexkaninchen überragen sie das Deckhaar kaum.

Inzucht – Paarung von Tieren, die nah miteinander verwandt sind wie Vater und Tochter, Mutter und Sohn, Bruder und Schwester

Kette – Zeichnung bei den Englischen Schecken: viele kleine Punkte, die sich wie zusammenhängende Kettenglieder über beiden Seiten ziehen

Lauf – Bein des Kaninchens

Linienzucht – besondere Form der Inzucht: Paarung von Tieren der gleichen Linie wie Cousin und Cousine, Tante und Neffe, Onkel und Nichte

Mandolinenförmig – Körper, der die Form einer auf dem Kopf liegenden Mandoline hat, beispielsweise van Beveren und Englische Widder

Mutation – spontanes Auftreten eines ganz neuen Typs

Rassestandard – Kriterien, die von einem nationalen Zuchtverband (BRC, ARBA, Zentralverband Deutscher Kaninchenzüchter etc.) anerkannt werden, wodurch eine Rasse festgelegt wird

Ring – ein Metallring, der am Hinterlauf eines jungen Kaninchens angebracht wird, um es innerhalb des BRC einwandfrei identifizieren zu können. In Deutschland werden Kaninchen tätowiert, nicht beringt.

Scheckung – Fellzeichnung in Form von Punktscheckung (wie bei Englischen Schecken) oder Plattenscheckung (wie bei Holländern)

Schmetterling – eine Zeichnung um die Schnauzpartie in Form eines Schmetterlings, beispielsweise bei Scheckenkaninchen, die in Frankreich „Papillon" heißen

Silberung – Durchsetzung des gesamten Fells durch Grannenhaare mit weißen Spitzen, was dazu führt, dass es silbern schimmert. Das ist bei allen Silberrassen, beispielsweise den Hellen Großsilber, erwünscht; bei den meisten anderen Rassen wird es als Fehler angesehen.

Zweinutzungsrasse – Kaninchenrasse, die zwei Nutzungsformen dient, also beispielsweise sowohl gutes Fell als auch Fleisch liefert

DANKSAGUNG

Wir möchten uns bei diesen Organisationen für ihre Hilfe und Kooperation bei den Fotoaufnahmen bedanken.

Unser besonderer Dank gilt: Michael Fox und Paul Threapleton von der Kleintierausstellung in Bradford

Premier Small Animal Show
www.thesmallanimalshow.co.uk

Wir möchten uns außerdem bei allen Kaninchenbesitzern und -züchtern für ihre Zeit und Hilfe bei den Fotoaufnahmen bedanken:

Marder-Rexe Darren Calvert

Kleinwidder Paula Atkinson

Siberian Miss L. Benson

Blaue Wiener Mari Baker

Thüringer Arthur Beevers

Blaugrau-Rexe Nina Spence

Hermelin Mr P.A. Gould

Van Beveren Mr A. Robinson

Zwergexe Darren Calvert

Englische Angora Mrs Sally May

Französische Widder B. & J. Lynch

Lilac Laura Fox

Siamesen Jenny Carlile

Chin-Rexe Neil Jefferis

Helle Großsilber Sue Knight

Farbenzwerge Angela Runnegar Clark

Blaugrauer Wiener Arthur Beevers

Belgische Riesen Laura Rich

Hasenkaninchen Paul Threapleton

Weißgrannen Anthony Carter

Deutsche Widder Mrs Jeanette Morris

Satin-Elfenbein Jimmy Hopkins

Gelb-Rexe Miss Emmy Turner

Weiße Neuseeländer Melanie Kirkland

Britische Riesen Christine Fisher

Thrianta Bernard Wrigley

Alaska Anthony Carter

Weiße Hotot Laura Fox

Holländer John Allen

Löwenkopfkaninchen Nicki Merrick

Russen Mrs R. Price

Englische Schecken John Kay

Mecklenburger Schecken Arthur Beevers

Chinchilla R. & V. Barr

Zwergwidder Angela Runnegar Clark

Japaner Mrs Ann Davis

Englische Widder Paul Procter

Kaschmirwidder Ann Preece

110

INDEX Fortsetzung

111

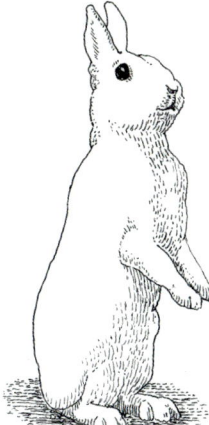

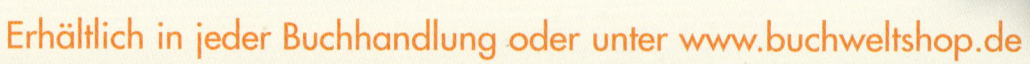